精品铁路客站

细部做法指导手册

JINGPIN TIELU KEZHAN

XIBU ZUOFA ZHIDAO SHOUCE

U0251874

中铁建设集团有限公司
中铁建设集团基础设施建设有限公司　编著

四川大学出版社

项目策划：蒋　玙　王　睿
责任编辑：蒋　玙　王　睿
责任校对：王　锋
封面设计：墨创文化
责任印制：王　炜

图书在版编目（CIP）数据

精品铁路客站细部做法指导手册 / 中铁建设集团有
限公司，中铁建设集团基础设施建设有限公司编著．—
成都：四川大学出版社，2020.8
　ISBN 978-7-5690-3639-8

　Ⅰ．①精… Ⅱ．①中… ②中… Ⅲ．①铁路车站－客
运站－建筑设计－细部设计－技术手册 Ⅳ．
① TU248.1-62

中国版本图书馆 CIP 数据核字（2020）第 138850 号

书名　精品铁路客站细部做法指导手册

编　著	中铁建设集团有限公司　中铁建设集团基础设施建设有限公司
出　版	四川大学出版社
地　址	成都市一环路南一段 24 号（610065）
发　行	四川大学出版社
书　号	ISBN 978-7-5690-3639-8
印前制作	墨创文化
印　刷	四川盛图彩色印刷有限公司
成品尺寸	185mm×260mm
印　张	13.75
字　数	290 千字
版　次	2020 年 10 月第 1 版
印　次	2020 年 10 月第 1 次印刷
定　价	169.00 元

◆ 读者邮购本书，请与本社发行科联系。
　电话：(028)85408408/(028)85401670/
　(028)86408023　邮政编码：610065
◆ 本社图书如有印装质量问题，请寄回出版社调换。
◆ 网址：http://press.scu.edu.cn

四川大学出版社
微信公众号

《精品铁路客站细部做法指导手册》编审委员会

主 任 委 员：赵 伟 梅洪亮

委 员：王 涛 陈有忠 于久龙 吴永红 沈天丽 王宏斌
赵向东 孙洪军 李 擘 蔺文虎 叶忠峰 金 飞
乔聚甫 方宏伟 李太胜 李宏伟 吴桐金 王 伟
王艳立 邢世春 谭学彪 刘 政 李长勇 刘志军
姜传伟 武利平 陈继云 李英杰

主 编：钱增志 韩 锋

主要编写人员：刘得江 吕科验 汪锡铭 郝 凯 蒋亚铭 白毅飞
王 强 李海龙 张少南 尹灵广 杨家富 霍鹏云
倪晓东 王亚清 申家海 王 硕 李双来 荀少谦
程先坤 孙大朋 范 涛 郭狂飚 孟 啸 李座林
郑结兵 樊 军 王立省 李永华 董宏伟 江志远
申 力 朱雯清 郑允嘉 陈永强 牛振国 潘湘东
刘 健 刘国伟 王晓东 康宽彬 李 进 邓裕民
吴冠雄 王俊民 肖 洪 刘洋洋 邵荣超 戎树伟
刘 傕 李宁轩 刘 勇 杨 超 唐林峰 张鹏生
陈 静 孙 岳 刘怀宇 牛卫兵 韩喜旺 李晓阁
郑 浩 康绍杰 陈 昊

编 写 单 位：中铁建设集团有限公司
中铁建设集团基础设施建设有限公司
中铁建设集团基础设施事业部 BIM 中心
中铁建设集团基础设施事业部技术中心

前言
Preface

交通强国、铁路先行。中国高铁客站正在发生着深刻的变革，中铁建设集团有限公司积极探索引领新时代铁路客站的建设方向，以理念创新为先导，以技术创新为突破，打造体现城市交通功能特质、展示地域文化窗口的新时代精品智能客站，与城市和谐共生。

作为高速铁路客站建设的王牌军，中铁建设集团全力响应、严格贯彻国铁集团以"畅通融合、绿色温馨、经济艺术、智能便捷"为特征的新时代精品智能客站建设总要求，全面落实深化以人为本、绿色设计、智能建造、精益管理的思路，在精品智能客站建设实践中精心组织、狠抓落实，倾力打造新时代铁路精品、智能客站引领工程和示范工程。

本指导手册按照新时代铁路建设发展要求，全面总结了近年来铁路客站和生产生活设施工程建设经验，坚持以人为本、服务运输的基本原则，体现站房设计与地方特色、人文背景相融合，突出建筑与艺术、创新、科技、文化等方面的融合，实现铁路旅客车站"一站一景"建设目标；通过明确客站关键部位的细部做法要求和施工质量控制要点，为新时代铁路客站高质量发展奠定基础。

本指导手册共11章，主要内容包括地基基础工程、主体结构工程、屋面工程、装饰装修工程、幕墙工程、电气工程、设备安装工程、消防工程、站台雨棚工程、生产生活用房、文化性和艺术性的表现等。在参考执行的过程中，希望大家结合工程实践，认真总结和积累经验。如发现需要修订、完善和补充之处，及时沟通联系。

目录
CONTENTS

第 1 章　地基基础工程 ……………………………………… 1
  1.1 桩基础 …………………………………………………… 2
  1.2 基坑支护 ………………………………………………… 7

第 2 章　主体结构工程 …………………………………… 11
  2.1 混凝土结构工程 ………………………………………… 12
  2.2 钢结构工程 ……………………………………………… 15
  2.3 二次结构及抹灰工程 …………………………………… 19

第 3 章　屋面工程 ………………………………………… 23
  3.1 金属屋面 ………………………………………………… 24
  3.2 其他屋面 ………………………………………………… 30

第 4 章　装饰装修工程 …………………………………… 33
  4.1 公共大厅 ………………………………………………… 34
  4.2 售票厅 …………………………………………………… 49
  4.3 卫生间 …………………………………………………… 51
  4.4 饮水间 …………………………………………………… 61
  4.5 设备用房 ………………………………………………… 63
  4.6 办公区 …………………………………………………… 69
  4.7 其他 ……………………………………………………… 73

第 5 章　幕墙工程 ………………………………………… 79
  5.1 细部导则 ………………………………………………… 80
  5.2 幕墙工程实例 …………………………………………… 81

第 6 章　电气工程 97
　6.1 通用接地安装 98
　6.2 屋面部分 100
　6.3 强弱电竖井及配电间 107
　6.4 通用功能机房 110
　6.5 数据信息机房 115
　6.6 变配电室、柴油发电机房 116
　6.7 候车厅、售票厅 119
　6.8 贵宾厅 121
　6.9 卫生间、饮水间及水暖管井 122
　6.10 室外电气 124
　6.11 站台、雨棚 125
　6.12 天桥、旅客地道 127

第 7 章　设备安装工程 129
　7.1 屋面 130
　7.2 室内功能区 139
　7.3 地下车库 147
　7.4 大型设备机房 150

第 8 章　消防工程 159
　8.1 消防控制室、数据信息机房 160
　8.2 消防水泵房 163
　8.3 高位水箱间 166
　8.4 消防设施 168
　8.5 消火应急照明 172
　8.6 线路敷设 173
　8.7 仪表、阀类、模块接线 174
　8.8 其他 174

第 9 章　站台、雨棚工程 177
　9.1 站台铺面 178
　9.2 站台雨棚立柱 179

9.3 站台雨棚屋面 180

9.4 清水混凝土雨棚 182

第 10 章　生产生活用房（绿化、围墙）..................... 185

10.1 一般规定 186

10.2 实例 186

10.3 外墙外保温 189

第 11 章　文化性和艺术性的表现 191

11.1 总体原则 192

11.2 文化艺术展现 192

第 1 章

Diji Jichu Gongcheng

地基基础工程

1.1 桩基础

1.1.1 一般规定

（1）桩身混凝土应均质、完整，强度等级必须符合设计要求，其检验符合《铁路工程基桩检测技术规程》（TB 10218）的规定，桩承载力试验必须符合设计要求。

（2）桩身顶端浮浆应清理，直至露出新鲜混凝土面，上层浮浆凿除时不得损坏桩基钢筋，桩顶高程允许偏差 -3cm ～ 0cm，主筋伸入承台的长度必须符合设计要求。

（3）铁路质量安全红线条款：桩基出现Ⅲ、Ⅳ类桩和钢筋笼长度不足。

1.1.2 钢筋笼

（1）钢筋笼箍筋采用盘丝机机械化加工制作，箍筋加密区 100mm，非加密区 200mm，采用扎丝绑扎牢固。孔口搭接焊需经培训考试合格的焊工持证上岗，保证焊接质量，做到无夹渣、焊瘤等质量通病。

（2）钢筋笼锚固区采用 PVC 管保护，隔绝钢筋与混凝土接触面，减少二者之间的粘结力，在剔除桩头中更易于除去桩间混凝土，提高截桩效率。

图 1.1.2-1　钢筋笼盘丝机机械加工

图 1.1.2-2　钢筋笼锚固区采用 PVC 管保护

1.1.3 护筒定位及孔口防护

在平整场地后利用坐标放样精确定出桩位中心，采用双检制复核桩位中心。经复核无误后埋设护筒，护筒四周采用黏土回填并分层夯实，护筒顶部应高出地面 500mm。再对护筒位置进行复测，符合要求后方可进行下道工序施工。

图 1.1.3-1　桩位测量放线　　　　　　　　　图 1.1.3-2　桩位复测

桩位孔口采用自制保护罩进行防护，保护罩采用废弃短钢筋焊接加工而成。直径根据桩基大小定制，一般超出桩基直径 300mm，笼高 350mm，纵横向钢筋间距 200mm，刷红白油漆，并设置警示标志。现场桩护筒做好后及时防护，直至下道工序开始施工时方可移走。

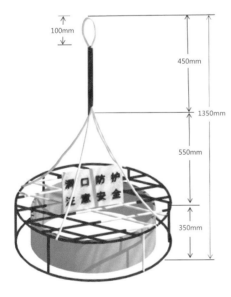

图 1.1.3-3　防护罩加工尺寸图　　　　　　　图 1.1.3-4　孔口防护罩现场使用图

1.1.4 泥浆检测

过程中对泥浆性能进行定期检测，保证护壁效果及成桩质量。

图 1.1.4-1　泥浆比重检测（1.1～1.25）　图 1.1.4-2　泥浆流速检测（黏度≤28s）　图 1.1.4-3　含砂率检测（≤8%）

1.1.5 桩头处理

桩头的整体破除需要注意以下几点。

（1）PVC 塑料套管安装：钢筋笼制作完成后，用 1.4m 长的 PVC 塑料套管套住主筋，套管直径比主筋大 4mm，安装后进行灌砂处理，防止后期剥离困难，之后套管两端用胶带进行封端、铁丝绑扎。

（2）吊环安装：桩基混凝土浇筑结束时对称插入两个吊环，吊环为 $\Phi25$ 钢筋，长度 50cm，插入端设长 20cm 的 90° 弯钩，外漏端是直径为 10cm 的圆环。

（3）承台基坑开挖：采用挖掘机放坡开挖，开挖面距基坑地面 30cm 左右，且基坑底与设计相符时，采用人工开挖，一次清理至设计标高。

（4）桩头水平环切处理：钻孔桩施工完成基坑开挖后，在桩头标高位置采用小型切割机环切表面一周，环切深度为 5cm。

（5）桩头钻孔劈裂：在桩头标高位置对称钻出两个直径为 40mm、深度为 20cm 的孔洞，再使用两个液压劈裂机对称插入已钻好的孔洞内进行劈裂，以便桩头脱离。

（6）桩头吊除：桩头劈裂完成后，使用起重设备挂载吊环进行一次性整体吊除。

图 1.1.5-1　桩头钢筋套 PVC 塑料管　图 1.1.5-2　浇筑成型后四周开孔环切至套管边缘　图 1.1.5-3　桩头与钢筋吊装剥离

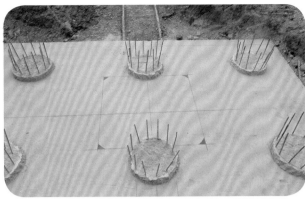

图 1.1.5-4　桩头防水处理　　　　　　　　图 1.1.5-5　桩头处理实例

1.1.6 桩基检测

1.1.6.1 静载试验

（1）当设计有要求或满足下列条件之一时，施工前应采用静载试验确定单桩竖向抗压承载力特征值。

①设计等级为甲级、乙级的桩基；

②地质条件复杂，桩施工质量可靠性低；

③本地区采用的新桩型或新工艺。

（2）检测数量在同等条件下不应少于 3 根，且不宜少于总桩数的 1%；当工程桩总数在 50 根以内时，不应少于 2 根。

（3）试桩宜结合设计、施工等因素合理选择。其成桩工艺和质量控制标准应与工程桩一致。

（4）桩顶部宜高出试坑底面 10cm，试坑底面宜与桩承台底标高一致。试桩顶部一般应采用混凝土加固，混凝土强度等级不得低于检测桩强度。

图 1.1.6-1　现场静载试验

1.1.6.2 低应变法

（1）适用于检测混凝土桩的桩身完整性，判定桩身缺陷的程度及位置。本方法检测的桩基桩径应小于 2.0m，桩长一般不大于 40m。

（2）混凝土桩的桩身完整性检测的抽检数量应符合下列规定。

①柱下三桩或三桩以下的承台抽检桩数不得少于 1 根；

②当设计等级为甲级，地质条件复杂时，成桩质量可靠性较低的灌注桩，抽检数量不应少于总桩数的 30%，且不得少于 20 根；其他桩基工程的抽检数量不应少于总桩数的 20%，且不得少于 10 根。

（2）检测前受检桩应符合下列规定。

①受检桩桩身混凝土强度不得低于设计强度的 70%，且桩身强度应不低于 15MPa；

②桩头的材质、强度、截面尺寸应与桩身基本相同；

③桩顶应凿至硬实混凝土面并大致水平，传感器安装点和激振点应打磨光滑。

（3）出现下列情况之一时，桩身完整性判定应结合其他检测方法进行。

①实测信号复杂、无规律，无法对其进行准确分析和评定；

②桩长的推算值与实际桩长明显不符，且又缺乏相关资料加以解释或验证；

③桩身截面渐变或多变，且变化幅度较大的混凝土灌注桩。

1.1.6.3 高应变法

（1）适用于检测桩基的竖向抗压承载力和桩身完整性。

（2）桩顶面应平整，桩顶高度应满足锤击装置的要求，桩锤重心应与桩顶对中，锤击装置架立应垂直稳固。

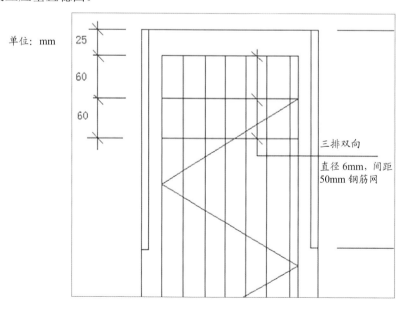

图 1.1.6-2　高应变桩头处理示意图

（3）出现以下情况时，不宜直接采用高应变检测结果，宜采用静载法进一步验证。

①桩身存在严重缺陷，无法判定桩的竖向承载力；

②单击贯入度大，桩底同向反射强烈且反射峰较宽，侧阻、端阻反射弱，即波形表现出竖向承载性状明显与勘察设计条件不符；

③桩身缺陷对水平承载力有影响。

（4）高应变桩头处理方法。

①剔凿桩顶部浮浆和软弱混凝土，保留原桩身钢筋，桩帽高度按照原设计超灌高度定制；

②桩头顶面应平整、水平，桩头侧面应平整、均质，桩头中轴线与桩身上部中轴线应重合；

③桩身的主筋应全部直通至桩顶混凝土保护层之下，各主筋顶部应在同一高度上；

④桩帽范围内加设 ϕ8 箍筋，间距 100mm。桩顶保护层下应设 ϕ6@50×50 钢筋网片 3 层，网片间距 60mm；

⑤使用同直径护筒或者（混凝土定制护筒作为模板），再灌注混凝土至完成面标高；

⑥浇筑完混凝土养护 3d 后方可拆模，受检桩混凝土强度应达到设计强度的 70%，且不低于 15MPa。

1.2　基坑支护

1.2.1　一般规定

（1）当基坑开挖面上方的锚杆、土钉、支撑未达到设计要求时，严禁向下超挖土方。

（2）基坑支护应保证基坑周边建（构）筑物、地下管线、道路的安全和正常使用。

（3）基坑支护应保证主体地下结构的施工空间。

（4）采用两种或两种以上支护结构形式时，其结合处应考虑相邻支护结构的相互影响，且应有可靠的过渡连接措施。

1.2.2　冠梁施工

（1）冠梁为设置在挡土构件顶部的将挡土构件连接为整体的钢筋混凝土梁构件。

（2）支护桩顶部设置钢筋混凝土构造冠梁时，纵向钢筋伸入冠梁的长度宜取冠梁厚度；当不能满足锚固长度的要求时，其钢筋末端可采取机械锚固措施。

（3）冠梁的宽度不宜小于桩径／地下连续墙墙厚，高度不宜小于桩径／墙厚的 0.6 倍。

（4）在主体建筑地下管线的部位，冠梁宜低于地下管线。

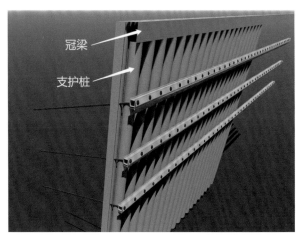

图 1.2.2-1 冠梁施工示意图

1.2.3 锚索施工

（1）在易塌孔砂土、碎石土、粉土、填土层、高液性指数的饱和黏性土层及高水压力的各类土层中，锚索宜采用套管护壁成孔工艺，成孔直径取 100 ～ 150mm 为宜。

（2）锚索的水平间距不宜小于 1.5m；对多层锚杆，其竖向间距不宜小于 2.0m。

（3）锚索锚固段的上覆土层厚度不宜小于 4.0m。

（4）锚索倾角宜取 15° ～ 25° 为宜，倾角不应大于 45° 且不应小于 10°。锚索的锚固段宜设置在强度较高的土层内。

（5）锚索自由段的长度不应小于 5m，且应穿过潜在滑动面并进入稳定土层不小于 1.5m，土层中的锚索锚固段长度不宜小于 6m。钢绞线在自由段应设置隔离套管。

（6）沿锚杆杆体全长设置定位支架使各钢绞线相互分离。定位支架的间距对自由段取 1.5 ～ 2.0m 为宜，对锚固段取 1.0 ～ 1.5m 为宜。

（7）锚杆注浆采用二次压力注浆工艺。第一次采用重力或低压灌浆，导管底端插入孔底（距孔底宜为 50mm ～ 100mm），在灌浆的同时以匀速将导管缓慢撤出；第二次注浆宜在第一次注浆 24h 后进行，并采用高压注浆的方式，同时孔口设止浆塞。

图 1.2.3-1 钻机就位

图 1.2.3-2 锚索支架

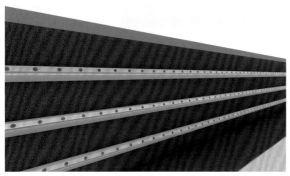

图 1.2.3-3　锚索支护示意图

1.2.4　绿色装配式土钉墙支护技术（GRF01）

（1）按照设计要求开挖，挖至羊角钉施工面下方 0.5m 处，待羊角钉施工完毕方可进行下步开挖工作，开挖应遵循一步一开挖的原则。

（2）坡顶及坡脚采用地锚固定，地锚采用 $\Phi16$ 螺纹钢筋，间距 1.5m，长度 1m，地锚制作时应比设计长出 50～100mm，以满足锁定需要。

（3）坡脚采用混凝土与地锚连接进行压脚处理，混凝土截面尺寸为 500mm×50mm。

（4）羊角钉采用高分子聚合物制成，其水平方向、垂直方向钉距误差不得大于 20mm，羊角钉偏斜尺寸不得大于长度的 3%。

（5）GRF 面层用人工滚铺，坡面要滚铺平整并适当留有变形余量。通过连接构件（$\Phi6$ 普通钢丝绳）将羊角钉在纵向与横向连接，羊角钉端部用专用卡扣锁死，单元面层之间需要搭接 300mm。

（6）在 GRF 面层、羊角钉、钢丝绳施工完成后，在距离边坡坡顶 1.0m 范围内浇筑 100mm 厚混凝土。

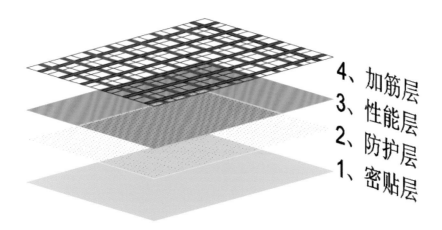

图 1.2.4-1　装配式面层结构示意图

图 1.2.4-2 绿色装配式土钉墙支护

第2章

主体结构工程

Zhuti Jiegou Gongcheng

2.1 混凝土结构工程

2.1.1 钢筋直螺纹连接

（1）直螺纹接头钢筋加工前，应采用无齿锯对钢筋端部进行切割，以保证端头部位加工平整、无扭曲、无毛刺；丝头加工时应使用水性润滑液，不得使用油性润滑液。

（2）使用专用直螺纹量规对加工完成的直螺纹钢筋丝头进行检查，通规能顺利旋入并达到要求的拧入长度，止规旋入不得超过 3P。检查合格后用塑料帽保护，按照规格及使用部位分类码放。

（3）钢筋连接时，钢筋规格与套筒规格应一致，并保证钢筋和连接套筒丝扣干净、完好无损；单边外露完整有效丝扣长度不宜超过 2P。

图 2.1.1-1　钢筋直螺纹丝头加工效果

2.1.2 混凝土施工

图 2.1.2-1　使用磨光机二次收面

（1）混凝土浇筑前应做好技术交底工作，确定混凝土浇筑路线，绘制浇筑路线图。

（2）混凝土收面应控制好时间，保证收面的效果，防止裸露混凝土表面产生塑性收缩裂缝，在混凝土初凝前和终凝前，分别对混凝土裸露表面进行抹面处理。

（3）使用铁抹子第一次压光磨平，待混凝土初凝后、终凝前应采用磨光机进行二次收面，对于易产生裂缝的结构部位，应适当增加压光抹面的次数，确保混凝土表面成型光洁平整。

（4）混凝土表面不得进行拉毛处理。

图 2.1.2-2　二次收面压光处理效果

（5）混凝土养护宜从初凝后开始养护，但要以不冲刷混凝土表面为宜。

（6）对于混凝土浇筑面，尤其是平面结构，宜采用塑料薄膜覆盖保湿。塑料薄膜应紧贴混凝土裸露表面，塑料薄膜内应保持有凝结水。

（7）在施工缝处继续浇筑混凝土时，已浇筑的混凝土抗压强度不应小于 1.2MPa。

（8）施工缝应剔除软弱层及松动石子、松动混凝土及木条等杂物，露出密实混凝土，施工缝内碎渣等应清理干净，外露钢筋插铁所沾灰浆油污应清刷干净，接茬处理到位，接缝平实。

·（9）采用中埋式止水钢板时，优先选用 3mm 厚热浸锌 Q235B 材质，钢板搭接部位应满焊，搭接长度不小于 50mm，转角处应重点关注，应采用定型止水钢板。

（10）混凝土强度回弹检测智能化管理，可采用与实测实量管理系统相匹配的智能云回弹仪，实现回弹检测数据及时传输至信息平台，确保数据的即时性和准确性。

图 2.1.2-3　混凝土收面覆膜养护

图 2.1.2-4　混凝土施工缝处理

图 2.1.2-5　止水钢板双面搭接焊

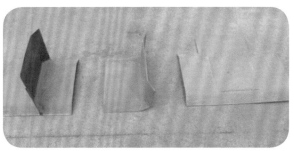

图 2.1.2-6　转角处定型止水钢板

2.1.3 混凝土结构实例

图 2.1.3-1 宁波站轨道层顶板清水混凝土成型效果 　　图 2.1.3-2 宁波站轨道层顶板清水混凝土及装饰线条效果

图 2.1.3-3 昆明南站混凝土结构成型效果

图 2.1.3-4 合肥南站混凝土结构成型效果 　　　　图 2.1.3-5 南阳东站混凝土结构成型效果

2.2 钢结构工程

2.2.1 钢结构焊接

（1）施工单位首次采用的钢材、焊接材料、焊接方法、接头形式、焊接位置、焊后热处理制度以及焊接工艺、预热和后热措施等参数的组合条件，应在钢结构构件制作及安装施工之前进行焊接工艺评定。

（2）焊接前，应采用钢丝刷、砂轮等工具清除待焊处表面的氧化皮、铁锈、油污等杂物，焊接坡口应按规范规定进行检查。

（3）现场高空焊接作业应搭设稳固的操作平台和防护棚。

（4）焊接时，当超过以上规定时，应编制专项方案。作业环境温度不应低于 -10℃，焊接作业区域的相对湿度不应大于 90%；当手工电弧焊和自保护药芯焊时，焊接作业区域最大风速不应超过 8m/s；当气体保护电弧焊时，焊接作业区最大风速不应超过 2m/s。

（5）焊缝表面不得有裂纹、焊瘤等缺陷。一、二级焊缝不得有表面气孔、夹渣、弧坑裂纹、电弧擦伤等缺陷。且一级焊缝不得有咬边、未焊满、根部收缩等缺陷。

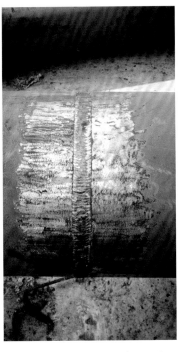

图 2.2.1-1　钢结构焊接实际效果

图 2.2.1-2　高空焊接作业平台

图 2.2.1-3　钢柱接头焊接防护措施

图 2.2.1-4　钢柱接头焊接外包防风措施

2.2.2 钢结构焊缝检测

（1）铁路质量安全红线条款：钢结构构配件不合格；焊缝检测不合格。焊接质量在外观检测合格后，必须进行无损检测。检测结果不满足合格等级的，应进行返工处理，但同一部位返修次数不得超过两次。

（2）钢结构焊缝应进行自检和监检（第三方检测）。一、二级焊缝应进行 100% 检测，三级焊缝应根据设计要求进行相关的无损检测。

（3）为保证出厂构件的一次成型质量，项目部应指派第三方检测人员驻厂，对加工成型的构件进行 100% 检测，确认合格后方可同意出厂。

（4）厂家螺栓球构件出厂时，焊缝不应进行涂装，构件到达施工现场后必须经过第三方检测单位对厂家焊缝质量进行检测，合格后方可进行下一步安装工序。

图 2.2.2-1　钢柱焊接处理示意图

2.2.3 钢结构紧固件连接

（1）构件的紧固件连接节点和拼接接头，应在检验合格后进行紧固施工。

（2）经验收合格的紧固件连接节点与拼装接头，应按设计文件的规定及时进行防腐和防火涂装。接触腐蚀性介质的接头应用防腐腻子等材料进行封闭。

（3）高强螺栓连接处的摩擦面应根据设计抗滑移系数的要求选择处理工艺，抗滑移系数应符合设计要求。采用手工砂轮打磨时，打磨方向应与受力方向垂直，且打磨范围不应小于螺栓孔径的 4 倍。

（4）经表面处理后的高强螺栓连接摩擦面应保持干燥、清洁，不应有飞边、毛刺、焊接飞溅物、焊疤、氧化铁皮、污垢等；并采取保护措施，不得在摩擦面上做标记；摩擦面采用生锈处理方法时，安装前应以细钢丝刷垂直于杆件受力方向除去摩擦面上的浮锈。

（5）高强螺栓现场安装时应能自由穿入螺栓孔，不得强行穿入；装配和紧固接头时，应从安装好的一端或刚性端向自由端进行；高强螺栓的初拧和终拧都要按照紧固顺序进行，从螺栓群中央开始，依次由里向外、由中间向两边对称进行，逐个拧紧。

（6）螺栓球节点网架总拼装完成后，高强螺栓与球节点应紧固连接，螺栓拧入螺栓球内的螺纹长度不应小于螺栓直径的 1.1 倍，连接处不应出现间隙、松动等未拧紧情况。

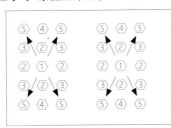

图 2.2.3-1　高强螺栓紧固顺序

图 2.2.3-2　螺栓初拧位置标记

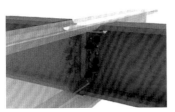

①安装临时螺栓

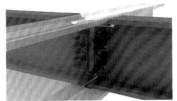

②对校冲孔、替换临时螺栓

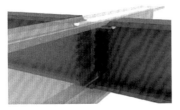

③安装高强螺栓、初拧（依次由里向外、由中间向两边）

④终拧（依次由里向外、由中间向两边）

图 2.2.3-3　高强螺栓安装示意图

2.2.4 钢结构涂装

（1）钢结构防腐涂装施工应在构件组装和预拼装工程检验批的施工质量验收合格后进行。涂装完毕后，宜在构件上标注构件编号；大型构件应标明重量、重心位置和定位标记。

（2）钢结构防火涂料涂装施工应在钢结构安装工程和防腐涂装工程检验批施工质量验收合格后进行。当设计文件规定构件可不进行防腐涂装时，安装验收合格后可直接进行防火涂料涂装施工。

（3）构件表面的涂装系统应相互兼容。

（4）表面除锈处理和涂装的间隔时间宜在 4h 之内，在车间内或湿度较低的晴天作业时不应超过 12h。

图 2.2.4-1 钢结构网架涂装效果

（5）防火涂装基层表面应无油污、灰尘和泥沙等污垢，且防锈层应完整、底漆无漏刷。构件连接处的缝隙应采用防火涂料或其他材料填平。

（6）防火涂料涂装施工应分层施工，应在上层图层干燥或固化后，再进行下道图层施工。

（7）薄涂型防火涂料面层涂装应颜色均匀、一致，接槎应平整。

2.2.5 钢结构工程实例

图 2.2.5-1 昆明南站钢结构工程

图 2.2.5-2 宁波站钢结构工程

图 2.2.5-3 合肥南站钢结构组合屋盖高空对接

图 2.2.5-4 星火站钢结构分区域整体提升

2.3 二次结构及抹灰工程

2.3.1 二次结构

2.3.1.1 砌体结构砌筑

（1）二次结构砌筑前应绘制排砖图，排砖应做到统一、整齐、美观。通过排砖实现灰缝位置的控制、洞口位置的控制、拉结筋位置的控制，并对砌体提前统一定尺加工，以达到减少损耗的目的。

（2）砌块的相对含水率对砌体的施工质量影响很大，故砌筑前应根据砌块类型、施工工艺、气候条件等确定对砌块何时浇水润湿或是否浇水湿润。当采用普通砂浆砌筑时，块体的湿润程度应符合下列规定：

①烧结空心砖的相对含水率宜为 60% ～ 70%；

②吸水率较大的轻骨料混凝土小型空心砌块、蒸压加气混凝土砌块的相对含水率宜为 40% ～ 50%。

（3）砌筑前应设置皮数杆带线，转角处均应设立，保证"上跟线，下跟棱，左右相邻要对平"。

（4）砌筑灰缝横平竖直、厚薄均匀，不得出现假缝、瞎缝、通缝；灰缝饱满度 ≥ 80%，水平灰缝平直度 ≤ 10mm，竖向相邻灰缝错开不小于 1/3 砖，错缝呈一条直线。

（5）砌体结构上管线、线盒开凿前应弹线切割，保证开凿顺直、规整。线槽切割开凿宜采用专用器具，未经设计方同意，严禁开水平槽。线槽封堵应密实、平整，修补完成面低于墙面 2mm，以便于后续抹灰挂网找平。

图 2.3.1-1 墙面整体砌筑效果

图 2.3.1-2 墙面线槽开槽器具及开槽效果

2.3.1.2 构造柱

（1）二次结构构造柱应提前优化确认，在二次结构深化图纸中明确构造柱位置、尺寸及构造做法，并经设计等相关单位签字确认。

（2）拉结筋应提前加工成型，严禁现场弯折；拉结筋间距≤500mm，入二次结构墙深度≥600mm，竖向间距差≤100mm，末端为90°弯钩。

（3）马牙槎应先退后进，上下对齐，对称砌筑；马牙槎凹凸尺寸≥60mm，高度≤300mm。

（4）构造柱模板加固，应采用对拉螺杆穿构造柱加固，不得在砌体墙上随意开洞。

（5）为保证构造柱混凝土浇筑密实，宜在构造柱模板顶部设置漏斗形下料口，下料口高出构造柱顶面50mm；浇筑时漏斗中也浇满，拆模后打凿掉即可。

（6）砌体马牙槎与模板接触边缘应粘贴双面胶带，防止漏浆；构造柱与砌体交接处平整，马牙槎棱角清晰；无漏浆、气孔、起皮、烂根等质量通病。

图2.3.1-3 构造柱模板（穿墙螺杆设置在构造柱中） 图2.3.1-4 顶部漏斗形浇筑口 图2.3.1-5 墙体转角处构造柱成型效果

2.3.2 抹灰工程

（1）混凝土、加气块墙体表面应进行"拉毛"处理，拉毛应均匀、棱角分明、无坠流、无堆积、全覆盖。

（2）抹灰前应打点，宜冲筋。抹灰应分层进行，每层厚度不宜大于5～7mm；当抹灰总厚度大于35mm时，应增设加强网。不同材质的墙体之间交界处应设加强网。门框安装前在洞口边缘宜预留宽100mm进行二次收口。

（3）抹灰层与各层之间必须粘结牢固、无空鼓、无脱层，面层宜麻面，应无裂缝、洁净、接槎平整、阴阳角顺直，设分格缝时，分格缝清晰；电盒收口应方正、美观。

（4）有踢脚线的墙体下部抹灰不要到底，留出贴踢脚线厚度。

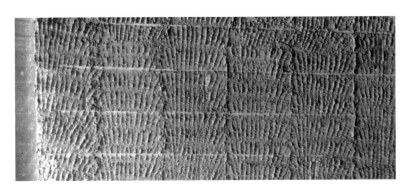

图 2.3.2-1　拍浆拉毛（毛刺均匀，强度高）

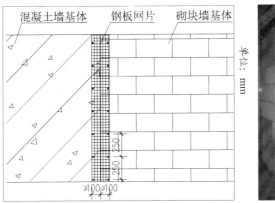

图 2.3.2-2　不同材料基体交接处加强网设置

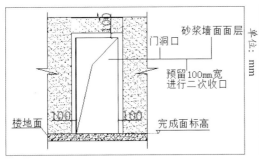

图 2.3.2-3　门框边缘预留二次收口

图 2.3.2-4　墙体抹灰（平整、洁净）

第 3 章

屋面工程

Wumian Gongcheng

3.1 金属屋面

3.1.1 一般规定

（1）站房金属屋面面板宜采用耐久性好的压型铝镁锰金属板，并设下层金属衬板，面板不宜使用彩色压型钢板。

（2）压型金属板屋面应按围护结构进行设计，并应具有足够的承载力、刚度、稳定性和变形能力。

（3）金属屋面板的连接及紧固件选择应通过设计计算确定，直立锁边铝镁锰板与T型码支座的咬合连接强度应根据试验确定。

（4）采用直立锁边连接的压型铝镁锰板宜采用长尺寸板材，应减少板长方向的搭接接头数量，但其单板长度不宜超过50m。

（5）台风地区应选用屋面板与支座连接强度高、抗风揭（掀）能力强并经抗风揭（掀）试验验证为安全可靠的金属屋面系统。

（6）压型铝镁锰板单元板宽不应大于400mm，板厚不应小于0.9mm。

（7）屋面天沟、檐口、屋脊节点构造应采用可靠的封堵措施。

3.1.2 T型码支座安装

图 3.1.2-1　T型码支座安装实景图

（1）T型码支座安装轴线控制精准，应先弹线后固定，且全部钉在檩条正中。

（2）T型码支座螺丝数量确保无一缺失，松紧适度且不歪斜。

（3）屋面板面平整度控制在5mm以内。

（4）T型码支座的间距应经计算确定，顺板方向不应超过1500mm；屋面天沟、檐口、屋脊、山墙转角等区域，应根据计算加密支撑结构及固定点。

（5）直立锁边压型铝镁锰金属屋面板应采用现行《铝合金建筑型材》、（GB 5237.1）规定的（6061/T6）型铝合金T型码支座，支座下部应带绝缘隔热垫。

（6）与金属屋面配套使用的螺栓、自攻螺钉等紧固件应采用不锈钢材质，并应符合现行《紧固件机械性能 不锈钢螺栓、螺钉和螺柱》GB/T 3098.6 的规定。

3.1.3 屋面抗风夹、抗风压杆

（1）直立锁边铝镁锰板屋面宜设置抗风夹、抗风压杆，屋面板抗风夹设置方案应适应屋面系统热胀冷缩的性能。

（2）抗风夹、抗风压杆宜采用强度高、耐腐蚀的材料，应设置在屋面板支座处。

（3）屋面抗风夹的分布应成排成线，间距均匀，牢固可靠。

（4）屋面工程所用的抗风夹应有产品合格证书和性能检测报告，材料的品种、规格、性能等必须符合国家现行产品标准和设计要求。产品质量应由经过省级以上建设行政主管部门对其资质认可和质量技术监督部门对其计量认证的质量检测单位进行检测。

（5）不锈钢抗风夹（含紧固件）应选用"奥氏体 304 不锈钢"，其化学成分应符合现行国家标准《不锈钢和耐热钢牌号及化学成分》（GB 20878）等的规定。

（6）抗风夹安装前，宜通过安装工艺试验，确定螺栓拧紧工艺参数。

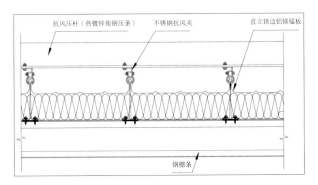

图 3.1.3-1　直立锁边铝镁锰板设抗风夹加钢压条构造图

图 3.1.3-2　抗风夹安装效果

3.1.4 屋面马道

（1）增设与原设计形式一致的检修马道。

（2）马道设置与原有马道宽度、高度保持一致，形成有效连接。

（3）检修马道与屋面 T 型码支座进行固定，间距严格按 400mm 进行设置，保证每个

固定点均在 T 型码位置处，保证马道与屋面板可靠连接。

（4）提前根据现场实际尺寸与厂家做好沟通，固定角码严格按照间距 400mm 布置，确保成品马道与 T 型码可靠连接以方便安装。

（5）现场安装时，屋面马道必须与屋面 T 型码固定牢靠，且拉通线控制好整体平整度。

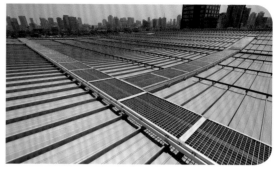

图 3.1.4-1　屋面马道实景图

3.1.5 水落口（雨水斗）

（1）天沟内设下沉井，其尺寸为 800mm×800mm×100mm，虹吸雨水斗安装在下沉井中心处，保证初期雨水更快形成虹吸。

（2）提前进行天沟下沉井排布策划，对屋面厂家进行技术交底，确定下沉井的位置及尺寸，保证下沉井与天沟焊接的整体质量，且天沟开孔处需平整。

（3）不锈钢天沟应联通，虹吸雨水斗处 800mm 长度的天沟应水平无坡度，其余各处天沟设坡度为 3‰的坡向下沉井，虹吸雨水斗的间距不超过 20m。

（4）安装虹吸雨水斗时对工人进行技术交底，保证同一系统悬吊管上的雨水斗在同一水平面，确保雨水斗在相同水位进水，使虹吸系统不进气，呈满管流状态。

（5）雨水斗焊缝要采取酸洗钝化处理。

图 3.1.5-1　不锈钢天沟水落口

3.1.6 屋面上人口

（1）上人口尺寸为 900mm×900mm，开合采用铝合金合页连接，盖板上设置拉手。

（2）盖板采用轻质铝板或不锈钢，颜色与屋面板相同，带不锈钢铰链，稳固方便。

（3）屋面马道延伸至屋面上人口处。

（4）不锈钢扶手焊接固定于槽钢之上，扶手高 1000mm；通过专用卡件将根部槽钢与屋面板固定，作为扶手固定底座，扶手采用不锈钢制作，直径 48mm。

（5）爬梯横向间距 600mm，步距 275mm，爬梯踏步杆采用圆管式，规格为 25mm×3.0mm，爬梯立杆宜采用圆管，规格为 40mm×3.0mm。

（6）爬梯增设防坠器，钩挂在安全带上，防止因攀爬高度过高导致劳累而发生坠落。

图 3.1.6-1　屋面上人口盖板、扶手和撑杆　　　　　图 3.1.6-2　屋面上人爬梯

3.1.7 不锈钢天沟

（1）拉通线控制好天沟下部的龙骨坡度，保证龙骨坡向及坡度质量，龙骨误差≤5mm。

（2）金属屋面宜采用不锈钢板排水天沟，沟壁厚度不应小于 2.5mm，采用 3mm 的沟壁厚度为宜。

（3）将天沟位置及坡度调整到位后（保证拼接紧密）对其进行临时电焊，电焊完毕后再次对其位置及坡度进行微调，调整完毕后进行满焊。

（4）焊缝焊接时宜采用氩弧焊或 CO_2 气体保护焊，不宜采用普通直流或交流焊接方式，以提高焊缝质量及观感效果。

（5）提前进行天沟排布策划，对厂家进行技术交底，出厂时在天沟底板预留出落水口位置，保证安装效果，提高落水口与天沟焊接质量。

（6）严控不锈钢天沟进场质量关，保证进场天沟表面平整、无翘曲变形且无明显划痕。

（7）铝镁锰屋面板伸入天沟长度不得小于 150mm，收口端平直整齐。

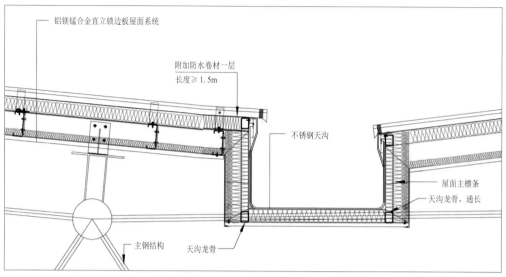

铝镁锰合金直立锁边板屋面系统

附加防水卷材一层
长度≥1.5m

不锈钢天沟

屋面主檩条
天沟龙骨，通长

主钢结构

天沟龙骨

图 3.1.7-1　金属屋面排水天沟截面图

图 3.1.7-2　不锈钢天沟安装实景图

3.1.8 金属屋面实例

图 3.1.8-1　贵阳北站四级叠级金属屋面实例

图 3.1.8-2　合肥南站"四水归堂"金属屋面实例

图 3.1.8-3 宁波站大跨度弧形金属屋面实例

图 3.1.8-4 昆明南站超长屋面板金属屋面实例

3.2 其他屋面

3.2.1 屋面栏杆

（1）屋面栏杆采用不锈钢栏杆，安装牢固顺直。

（2）预留接地点与不锈钢栏杆采用氩弧焊焊接，并做好防锈处理。

（3）准确粘贴标识。

图 3.2.1-1　屋面栏杆实景图

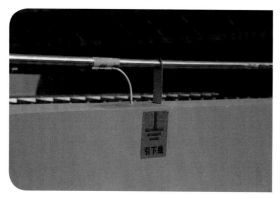

图 3.2.1-2　栏杆接地实景图

3.2.2 屋面泛水

（1）采用灰砂砖砌筑，外侧抹灰，泛水宽度 50 ～ 80mm，根部圆弧高 120mm。

（2）泛水分缝随墙体定位。

（3）墙体与泛水分色涂刷，涂刷颜色可依据当地文化元素着色调。

图 3.2.2-1　合肥南站屋面泛水效果

3.2.3 屋面风帽

（1）以合肥南站为例，结合当地徽派建筑文化元素，采用普通页岩砖进行四周维护结构砌筑，在顶部调整完成面标高由边缘至中间阶梯式增加，形成"马头墙"造型。

（2）风帽砌筑采用单砖砌筑墙体，外侧抹灰 15mm，面层采用防水腻子找平。

图 3.2.3-1　合肥南站徽派建筑文化风帽

3.2.4 栈桥

（1）根据创优要求及现场实际情况，合理控制栈桥踏步宽 250mm，栈桥中间平台高 600mm，栈桥宽 1000mm。

（2）提前预埋接地线缆，确保整体和谐统一。

图 3.2.4-1　合肥南站屋面跨管道栈桥　　　　　图 3.2.4-2　南昌站屋面栈桥

3.2.5 避雷带

避雷带端部圆弧处理，焊接点局部防护，支座设塑料圈。

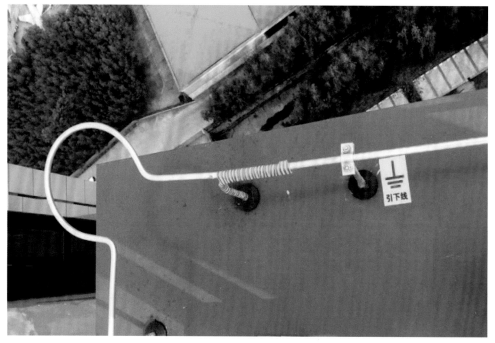

图 3.2.5-1　避雷带实景图

第4章

装饰装修工程

Zhuangshi Zhuangxiu Gongcheng

4.1 公共大厅

4.1.1 细部导则

4.1.1.1 一般规定

（1）候车厅空间应通透、开敞、明亮，有良好的自然采光、通风条件。

（2）候车厅内部装修材料应符合环保、节能、消防、吸声的要求。

（3）候车厅内部装修应整洁、美观，宜结合地域文化特色风格进行设计。

（4）候车区应根据室内吊顶高度和空间大小选择合理的送风方式，可采用顶送或侧送的方式。

（5）线上或线下式集中候车区的进站检票口宜设置在候车室两侧，相对布置的检票口应保持 35m 以上距离。

4.1.1.2 吊顶细部要点

（1）候车区宜设置吊顶。吊顶形式应简洁、大方，层次不宜超过三层，颜色应与整体协调，宜采用亚光浅色调。

（2）吊顶板的大小、形式和颜色应根据站房的空间确定，吊顶应采用环保、防火、防腐、易清洁的材料。可采用铝合金条板、垂片、格栅及各种组合吊顶。

（3）旅客所处室内大空间吊顶下净高应与建筑空间相匹配，根据整体效果统筹设计。吊顶高度大站不宜小于 5.5m，中小站不宜小于 5.0m；如采用叠级吊顶或弧形吊顶，吊顶最低处高度不宜小于 4.0m。

（4）设备检修口应隐蔽设置，顶部结构为钢结构时，应预留运营中候车厅顶部钢结构的检查维护条件。

（5）吊顶应与幕墙分隔协调，不宜与窗口或幕墙冲突。如无法避免，应采取处理措施，保证立面效果。

（6）吊顶以上空间墙体及顶部应密闭，避免室内外、不同功能用房之间发生空气流通或漏光。

（7）吊顶面板及龙骨应在变形缝处断开。

（8）室内吊顶采用离缝形式时，应根据空间关系及板宽确定板缝宽度；板缝比应结合消防要求统筹考虑。

（9）采用离缝吊顶时，吊顶内部的各种构件及管线应平整、有序，颜色除有特殊规定外应为深色。

（10）采用铝合金条板离缝吊顶时应在周边设铝单板收边，铝条板应比四周收口铝单板高，铝单板和铝条板应考虑对缝。

（11）吊顶与原结构间距在 1.5～3.0m 时应设反向支撑，超过 3.0m 时应增设型钢结构转换层。

（12）结构杆件及柱顶与吊顶相交处应进行节点处理。

（13）候车厅内采用顶送风方式时，风口应和吊顶有机结合，与室内整体效果协调，并采取防止送风口结露的措施。

4.1.1.3 墙面细部要点

（1）同一墙面相同标高的横梁截面大小、高度应保持一致，整体应协调美观。

（2）同一墙面门洞口应在同一高度，与候车厅相连的门洞宜采用石材、铝板做门套或阳角收边设计，其色彩、样式应与整体协调。

（3）墙面上设置的各类控制面板和风口应与墙面分格一致；控制面板不宜设在公共区域，并宜按功能集中设置在客运值班室。

（4）回风口设置在墙面时，回风口材质宜选用与墙面相同或相近材料，应有足够强度，色彩应与墙面材料色彩相协调，洞口尺寸应与墙面材料对缝。

（5）墙面门眉正中不应出现拼缝。

（6）与水平面夹角小于90°的墙面严禁大面积采用倒挂石材、面砖等做法。旅客通道上方及两侧的装饰面层、悬挂设施及细部节点、构造应牢固耐久。

（7）墙体设变形缝时，装饰面层及基层应在变形缝处断开。

（8）公共空间内部的方形柱子和实体墙面阳角均应做半径不小于15mm的弧形处理。

（9）室内块材之间的拼接缝不宜打胶处理，宜采用离缝或压扣条的形式进行构造处理，应根据块材大小设置缝宽比例，且不宜过宽。

4.1.1.4 地面细部要点

（1）地面块材尺寸应根据空间大小确定，铺贴应考虑与墙面材料及柱子对缝处理。

（2）进站口地面正中央位置，不应设变形缝。

（3）地面变形缝盖板宜选用铝合金盖板，盖板与周边地面高度应一致，应满足清扫车辆通行承载能力。

（4）候车厅地面与卫生间、饮水间等标高不同的地面衔接应采用缓坡连接。

4.1.2 吊顶工程实例

4.1.2.1 铝单板吊顶

（1）贵阳北站采用超长密拼铝板双开交替式安装技术和铝单板变速式减震安装技术，成功解决了表面平整度控制难度大的问题。

（2）贵阳北站采用10万平方米密拼铝单板，最大贯通长度418m。斜面密拼铝单板与两侧红色线条相辅相成，接缝平直、板面平顺。

图 4.1.2-1　贵阳北站高大空间超长密拼铝单板吊顶

（3）桐庐站山水桐庐吊顶核心视觉形态源于桐庐本地独特的自然景观，通过艺术的提炼，将山、水的意境融入设计中。

（4）桐庐站吊顶中吊杆需与钢结构网架球形接口栓接。吊顶上的灯具、风口及检修口和其他设备，应设独立吊杆安装，不得固定在龙骨吊杆上。

（5）桐庐站配套龙骨安装时采用螺栓与吊杆连接，吊杆中心应在主龙骨中心线上，配套龙骨的间距一般为 900～1200mm。

（6）桐庐站施工时应从空间一端开始，按一个方向依次进行，并拉通线进行调整。施工中应注意将板面调平，板边与接缝调匀、调直，以确保板边和接缝严密、顺直，板面平整。

图 4.1.2-2　桐庐站候车室吊顶效果

（7）吉安西站候车室三级递增型吊顶将室内体现的辉煌大气与外立面五指峰叠级造型交相呼应，将大无畏井冈山精神贯通内外，表现得淋漓尽致。

（8）吉安西站中部吊顶采用 25 个天窗，天窗取意于吉安革命故居八角楼天窗，配合智能照明系统，使天窗充满现代化气息。

（9）吉安西站天窗中采用藻井状光栅、增加红色线条点缀，藻井设计灵感源自吉安市博物馆，在设计中充分融入当地赣派历史建筑特色。

图 4.1.2-3　吉安西站三级递增型吊顶　　　　　图 4.1.2-4　吉安西站二级吊顶藻井

4.1.2.2 铝条板吊顶

（1）公共区域铝条板板面平顺、线条顺直。板材超长距布设，离缝控制精确，整体空间感强。

（2）吊顶板材收边过度采用刻纹铝板和白色铝板，过渡自然。富阳站吊顶 3m×3m 成一个单元，白色铝条板与深灰色灯槽铝板组合运用，细部做法精巧。

（3）全面排版，对节点部位进行细化，收口处进行深化设计，做好前期策划；铝条板卡入龙骨的卡槽后，应选用与条板配套的插板与邻板调平，插板插入板缝应固定牢固。

（4）公共区域吊顶应该遵循整体美观大方、细部节点处理完善的原则。

（5）合理策划吊顶内部管线排列，消防炮、灯具等设备末端有序排列在吊顶离缝空间内部。

（6）通过计算机排版，拉通线保证龙骨弧度控制点精度，保证整体弧度效果。

图 4.1.2-5　合肥南站吊顶（平整、顺直、灯具成排成线）

图 4.1.2-6　昆明南站吊顶（接缝平直、面板平顺）

图 4.1.2-7　富阳站"藻井天花，方圆并济"吊顶

图 4.1.2-8　南昌站弧形桁架间铝条板吊顶

图 4.1.2-9　吉安西站铝条板吊顶（引入红色元素）

图 4.1.2-10　贵阳北站吊顶（板面平顺、线条流畅）　　图 4.1.2-11　南阳东站吊顶（取"祥云""梭形"形象）

图 4.1.2-12　邓州东站吊顶（篆书"邓"字交叉排布）

（7）宁波站候车厅采用双反弧密拼铝条板吊顶，板面弧度变化平顺自然，过渡平滑圆润，线条流畅，板材密拼形成整体无缝效果，离缝控制精确，整体对称，空间感强。柱顶铝条板套割精细圆润，缝隙间距整体一致。

（8）通过加工固定尺寸标准直板密拼，形成大弧线。

（9）施工过程中，采用反吊法施工，节约整改成本，提高施工效率。

图 4.1.2-13　宁波站吊顶（采用双反弧密拼）

4.1.2.3 金属网板吊顶

（1）公共区铝网板板面平顺，线条流畅。板材超长距布设，离缝控制精确。

（2）铝网板通过白色铝单板进行分隔，增强整体空间感。

（3）合理策划吊顶内部管线排列，设备末端有序排列在离缝空间内部。

图 4.1.2-14 合肥南站金属网板吊顶

（4）以合肥南站为例，其刻纹铝板层次分明、线条顺直，彰显当地文化特色。

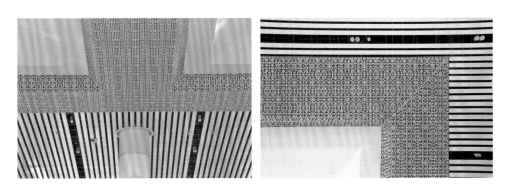

图 4.1.2-15 合肥南站刻纹铝板吊顶

（5）以怀来站为例，二层候车大厅采用双层金属网吊顶，上层为香槟色水平金属网，下层为香槟色弧形金属网。

（6）顶棚暖色弧形金属网吊顶灵感来源于葡萄藤架和官厅水库，与中式园林建筑中的椽子类似，在它的上面吊挂 13 块弧形金属网，与柱头的水波纹遥相呼应，相互映衬。

图 4.1.2-16　怀来站金属网吊顶

4.1.2.4 柱顶节点处理

（1）无柱帽处柱顶套割精细，缝隙间距整体一致。

（2）有柱帽处采用整体性柱帽，设计巧妙，便于施工，美观大方。

（3）柱顶处理，比对方案时应该充分考虑结构误差，从而确保整体效果。

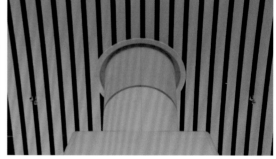

图 4.1.2-17　合肥南站柱顶节点

图 4.1.2-18　贵阳北站"火炬"形柱帽　　　　图 4.1.2-19　昆明南站"云南美"柱顶节点

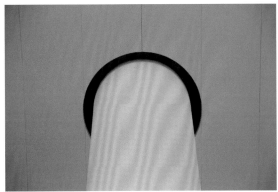

图 4.1.2-20　昆明南站柱顶节点

图 4.1.2-21　吉安西站柱顶节点

4.1.3　内墙饰面工程

4.1.3.1　背漆玻璃墙面

（1）背漆玻璃墙面表面平整光洁，排版合理，分格缝整齐一致，细部处理细致，阴阳角顺直，采用弧边转角设计。

（2）做好前期策划、整体排版，对节点部位、门洞口进行细化，收口处理细腻；墙面排版综合考虑地面装修面层分缝情况，做到墙、地分缝统一。

（3）转角及各阴阳角采用，圆滑平顺。

（4）对背漆玻璃厂家进行技术交底，按排好的版下料，依次进行编号。

（5）现场根据编号对号安装，及时调整施工误差，保证安装效果横平竖直、分缝整齐一致。

图 4.1.3-1　贵阳北站背漆玻璃

图 4.1.3-2　合肥南站背漆玻璃

图 4.1.3-3　宁波站背漆玻璃

图 4.1.3-4　阳角弧边处理

4.1.4 地面工程实例

（1）高架层、出站层等公共区域的石材下料尺寸为 1m×1m，其相对较大，铺贴效果美观大气。

（2）地面石材的平整度误差≤0.5mm。

（3）公共区域地面石材排版设计充分考虑整砖铺贴，分缝顺直。

（4）边角区域排版避免出现小于 1/3 标准版及 200mm 石材。

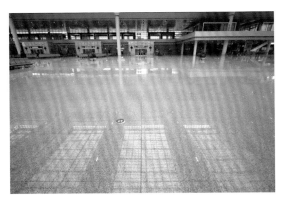

图 4.1.4-1　贵阳北站光面防滑花岗岩地面

图 4.1.4-2　合肥南站石材地面

图 4.1.4-3　宁波站石材地面

图 4.1.4-4　吉安西站石材地面

4.1.5 地面石材变形缝

耐压承重变形缝采用"剪刀"形可变形的滑竿组装构件和承托补强镀锌钢板结构形式。

（1）钢龙骨基础支座安装固定。

（2）钢龙骨支座混凝土填充，混凝土标号不低于C20。

（3）止水带、滑竿支座及中心板安装，在钢龙骨表面使用万能胶满粘一道向一端找坡的三元乙丙止水带，止水带搭接长度不应小于100mm，随滑竿支座安装同时每间距500mm依次安放"剪刀"形不锈钢滑竿组装杆件。

（4）补强镀锌钢板拼装及焊接固定，铝合金封底板安装完成，擦拭表面污垢后，满铺一层厚3.0mm的三元乙丙橡胶垫作为柔性垫层，将定制宽度的镀锌钢板安放在铝合金封底板上，调整两侧变形预留缝隙后，每间距500mm纵向使用不锈钢自攻钉与铝合金封底板连接固定牢固，镀锌钢板拼接部位做满焊缝连接，完成后做好除渣和不少于两遍的防锈处理。

图 4.1.5-1 现场实景图

（5）铝合金盖板安装固定，变形缝两侧上口与地平交界口部位的铝合金盖板分别沿变形缝 L50mm×5mm 镀锌角钢水平安装。

（6）嵌平式装饰石材铺贴。

（7）修缝、保洁。

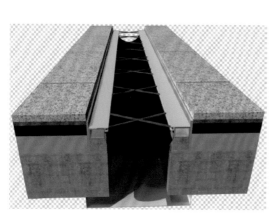
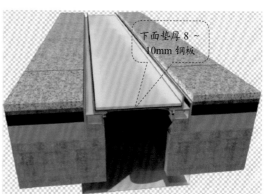

图 4.1.5-2 地面石材变形缝的处理

4.1.6 柱脚节点处理

（1）柱角不锈钢栏杆（条）与柱同心设置，整体和谐统一。

（2）倒角区域圆弧平顺，角度、弧度、半径与柱协调一致。

（3）充分考虑设计防撞栏杆（条）与整体装修协调一致，整体和谐。

（4）防撞栏杆（条）工厂加工阶段，与生产厂家进行充分的沟通，确保防撞栏杆（条）圆弧段满足现场安装需求。

（5）大厅柱脚与地面交接处内凹石材弧角设计，对缝自然收口。

图 4.1.6-1　合肥南站不锈钢防撞栏杆

图 4.1.6-2　昆明南站不锈钢防撞栏条

图 4.1.6-3　桐庐站候车室立柱收口效果

4.1.7 消火栓门

（1）消火栓门四周抹灰饱满，平整。

（2）所有外露抹灰面涂刷面漆，颜色与装饰相协调。

（3）消火栓门后部采用不锈钢将龙骨等包裹。

（4）消火栓口应朝外，且不应安装在消火栓箱门轴侧；消火栓口中心距离地面为1.1m。消火栓口中心距箱侧面为140mm，消火栓口距离箱后内表面为100mm，卷盘中心距离地面为1.35m。

（5）消火栓门开启角度应大于120°。

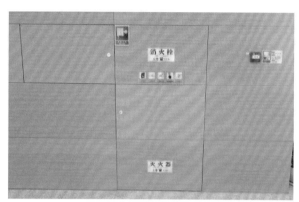 

图4.1.7-1　昆明南站消火栓门

图4.1.7-2　南阳东站消火栓门

4.2 售票厅

4.2.1 一般规定

（1）售票厅空间应通透、开敞、明亮，有良好的自然采光、通风条件。

（2）售票厅内装材料应符合环保、节能、消防、吸声的要求。

（3）售票厅内装应整洁、美观，宜结合地域文化特色进行设计。

（4）售票厅地面、墙面及吊顶设置要求同候车室。

4.2.2 售票窗口细部要点

（1）普通窗台高度应按 1.0m 设计，残疾人窗口应按 0.76m 设计；残疾人售票窗口窗台墙体应内退 150mm，对应售票室内不应设架空地板，普通窗口对应售票室内应设高出地面 0.2m 的防静电架空地板。

（2）窗台板材料应与室内装饰相协调，宜与墙面石材颜色一致。

（3）售票窗玻璃应采用钢化夹层玻璃，玻璃分格应对应窗口数；售票窗口与石材台面连接应采用石材开槽、玻璃嵌入的方式。玻璃之间间隙应为 2～3mm，不宜打胶。当玻璃之间需要打胶时，胶应采用中性胶。

（4）售票槽宜采用与台面相同的石材制作。槽的净空尺寸应为 300mm×200mm×100mm。

图 4.2.2-1 售票窗口实景图

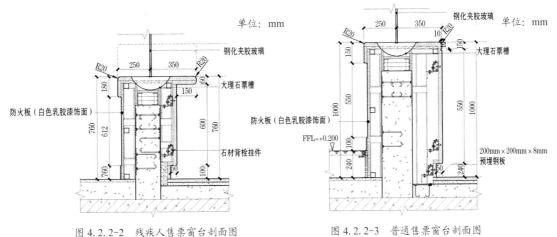

图 4.2.2-2 残疾人售票窗台剖面图　　　　图 4.2.2-3 普通售票窗台剖面图

单位：mm

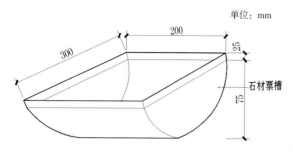

图 4.2.2-4　石材票槽节点大样图

图 4.2.2-5　丽水站弧形售票台

图 4.2.2-6　石材票槽实景图

（5）以怀来站、东花园北站综合服务中心为例。其取消隔断，整个窗口采用开敞式柜台模式，为旅客提供温馨、周密的出行服务。

（6）与智能售票机搭配在一起，使旅客购票，更加人性化、便捷化。

图 4.2.2-7　开敞式综合服务中心

4.3 卫生间

4.3.1 一般规定

（1）公共卫生间平面布局应注意私密性，避免通视和盥洗镜折射干扰，不宜设门。

（2）公共卫生间平面布局应满足旅客通行要求。盥洗间通行净距不宜小于 2m，双侧厕所隔间的净距不应小于 2m，单侧厕所隔间至对面墙面或小便斗的净距不应小于 2m。

（3）候车厅内公共卫生间厕位数和洗手盆数应与候车厅有效候车面积相匹配。

（4）公共卫生间应设机械排风，应始终处于负压区，以防止气味流入其他公共区域，公共卫生间门洞和可开启外窗可作为补风口。机械排风系统应结合吊顶形式设置排风，排风口宜靠近蹲便器、小便斗的隔墙顶部布置，同时尽量远离补风口，以免气流短路。采用下排风时，宜选用亚光不锈钢等高强度、防腐性材质的单百叶风口，排风管道应隐藏。

（5）严寒、寒冷和夏热冬冷地区公共盥洗间宜提供热水盥洗条件。

（6）所有车站均应设置第三卫生间，其数量应与候车厅有效候车面积相匹配，分布应均匀。第三卫生间是用于协助老、幼及行动不便者使用的卫生间。

4.3.2 墙地面、吊顶细部要点

（1）卫生间墙地面应采用易清洁、耐腐蚀、防水性能好的饰面材料，墙面宜采用表面光滑的通体玻化砖，地面宜采用防滑、抗渗性能好的防滑地砖。

（2）地面与墙面铺贴应整体设计，墙砖地砖应对缝，横平竖直、大小一致，墙砖应垂直平整，墙砖应至少高出吊顶标高 200mm。隔间板应与墙地面砖对缝，小便斗应与墙地面砖对中或对缝。

（3）卫生间墙面阳角处应做圆弧处理，不宜设压条。可采用通体玻化砖磨圆角或者云石胶倒圆角两种处理方式。采用磨圆角处理时，门洞及拐角处的阳角正面墙砖应压侧面墙砖，确保正面效果。墙面阳角处应保证墙砖、地砖十字对缝。

（4）卫生间内部门洞可设石材或铝板门套，做法同候车厅墙面门套，木门宜进行防潮处理。

（5）卫生间不宜采用离缝吊顶，吊顶上所有末端应统筹设置，避免凌乱无序。吊顶排风口宜与灯槽结合隐藏设置于靠墙处。

（6）卫生间墙与地面交接处宜做圆弧处理。

图 4.3.2-1　卫生间整体装修排版效果

4.3.3 洁具安装

（1）蹲便器边缘应与地面齐平，于隔间中央居中布置，距离后方墙面不应小于 250mm，蹲便器四周应设斜坡。

（2）小便斗间距宜为 900mm，靠墙设置的小便斗中心与墙面距离不应小于 600mm。

（3）应采用挂墙式横出水小便斗，管线暗敷，采用感应冲水。小便斗款式应简洁大方，尺寸应方便使用。小便斗之间

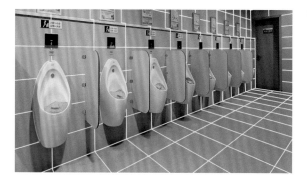

图 4.3.3-1　卫生间小便斗装修效果

应设隔板，材质应与大便器隔间一致。小便斗侧上方宜设挂钩或搁物台。小便斗内宜设置防止异物进入排水管道的漏网。

（4）小便斗下方宜靠墙设置便于保洁的排水浅沟。

图 4.3.3-2　卫生洁具安装（分中对称）

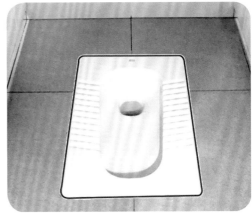

图 4.3.3-3　卫生洁具安装效果（标高一致、套割精细）

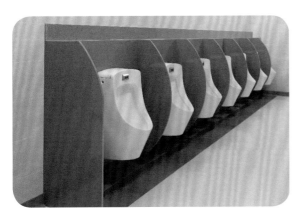

图 4.3.3-4　一体式石材隔板、搁物台

图 4.3.3-5　隔板、搁物台一体化　图 4.3.3-6　排水槽篦子盖板（盖板可开启）　图 4.3.3-7　沉降式导流槽

4.3.4 地漏安装

（1）卫生间地漏居中布置，分中对称，套割精细，设置于隐蔽位置。

（2）先按策划调整房间尺寸，并调整卫生器具位置，做到地漏居中对称，且保证排水流畅。

（3）地漏宜布置在人不易踩踏处或转角部位，不应设在通道或位置明显处。地漏应耐腐蚀且具有可靠的水封性能，应安装在地砖板块中心，四周应设斜坡，坡度应符合相关标准要求。

（4）地漏四周地砖应45°割角拼缝，并保证拼缝严密。

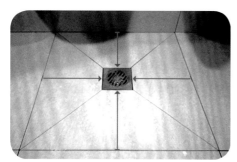

图 4.3.4-1　地漏安装效果（居中设置、套割精细）

4.3.5 盥洗台

（1）盥洗台装饰面可采用人造石。盥洗台应选用台下盆的安装方式，大小深浅应适度。盥洗台下方管道应仅留弯头，管道设置在墙体内。盥洗台下部应设置挡板，避免给排水管外露，挡板宜为可拆卸式。

（2）洗手盆间距宜为900mm，应与墙砖对中或对缝。

（3）洗手盆宜分设成人和儿童盥洗台。应采用感应式水龙头，水龙头应简洁美观、流量适度、不溅水。

（4）盥洗台应采用嵌入式照明灯带，灯带不应装盖板。

（5）盥洗间应设嵌入式抽纸盒或干手器，每个盥洗间不少于两处。

（6）盥洗台设置圆弧倒角，高度3mm。盥洗台底部设置门式挡板。

图 4.3.5-1　盥洗台底部门式挡板实例

（7）盥洗台底部设置可推拉式拆卸挡板，采用滑轨安装，使用方便。

图 4.3.5-2 盥洗台底部可推拉式拆卸挡板实例

4.3.6 门套不锈钢踢脚

（1）卫生间入口及各垭口部位应安装与整体装修颜色搭配的门套。

（2）在门套底部采用高 15cm 不锈钢踢脚或与走廊踢脚颜色一致的瓷砖进行隔离、防反潮处理。

图 4.3.6-1 卫生间门套不锈钢踢脚

4.3.7 过门石

（1）人造过门石采用整条加工成型，与墙两侧踢脚线完成面同宽。

（2）人造过门石高度一般为 5 ~ 10mm，向卫生间内找坡，阻挠水流即可。

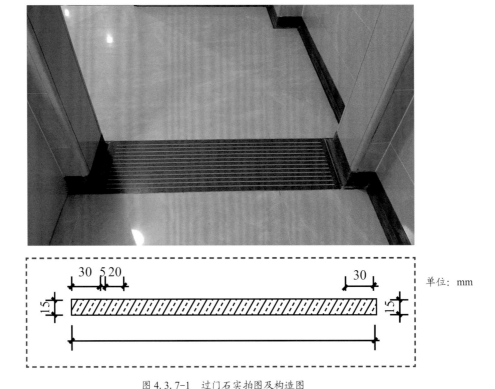

单位：mm

图 4.3.7-1 过门石实拍图及构造图

4.3.8 阴阳角

（1）墙体转角处选用人造石门套阳角，整体线条浑圆流畅，实现无缝拼接，同时易于保养。

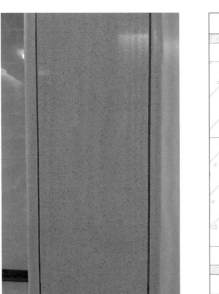
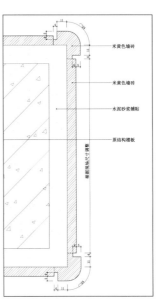

单位：mm

图 4.3.8-1 墙体转角处实拍图及构造图

（2）墙面玻化砖阳角用云石胶填置后，精细化打磨形成圆弧倒角，表面圆润，过渡平滑；玻化砖拼缝采用墙面留缝工艺，增加空间立体感。

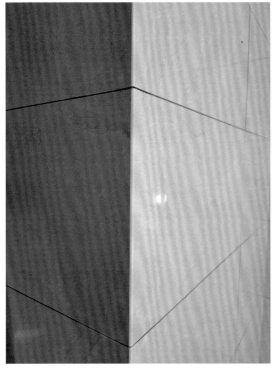

图 4.3.8-2　阳角打磨精细　　　　　　　　　图 4.3.8-3　墙面留缝处理，对缝一致

（3）阴角采用一体式弧面人造石，效果美观，方便卫生清洁。

图 4.3.8-4　阴角实拍图及构造图

4.3.9 厕位智能引导系统

（1）隔断智能显示与外侧电子显示屏连接同步反馈。

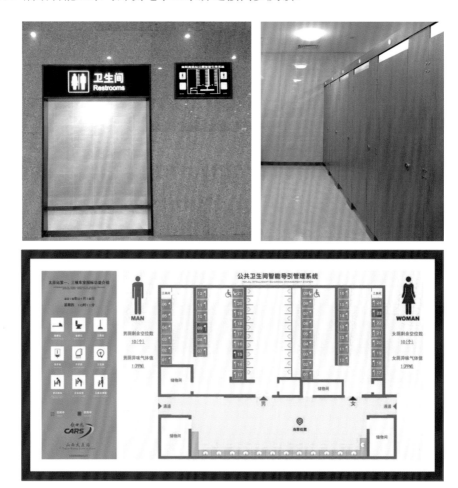

图 4.3.9-1　厕位智能引导系统

（2）卫生间隔断上采用智能引导系统，隔断门上安装有显示屏，可显示该隔断内的编号、洁具类型、是否空闲。

图 4.3.9-2　卫生间隔断门智能引导显示屏

（3）卫生间镜子增加智能化模块，镜子后安装有背光以提高使用感受，镜子中可显示实时时间和气温，方便乘客查看。

4.3.10　第三卫生间

（1）第三卫生间宜靠近公共卫生间入口，应方便行动不便者进入。宜设置电动推拉门，轮椅回转直径应不小于 1.5m。

（2）卫生间内设施设置需简要明了，所有设施均靠墙放置，中间通道无坡度、无沟槽、无凸起。

（3）安全抓杆材料应为亚光不锈钢管或树脂，直径应为 30 ~ 40mm，内侧与墙面距离应为 40mm，抓杆应安装牢固。

（4）儿童设施齐全，添加卡通元素作点缀，入门位置放置儿童挂椅。

图 4.3.10-1　第三卫生间展示图

4.3.11　母婴室

（1）母婴室整体采用卡通风格，采用粉色色调，营造一种温馨、安静的氛围，室内多采用门帘，达到保护隐私、安全的目的。

（2）母婴室地面布置 2.5m×2.5m 的软垫作为儿童娱乐区，墙面布置卡通贴画、身高尺和大量玩偶。

图 4.3.11-1　儿童娱乐区

（3）房间内设置哺乳区、婴儿休息区，哺乳区内配备小桌椅、软沙发和脚托。婴儿休息区配备活动婴儿床一张。两个区域独立，均配备门帘。

（4）母婴室配备有消毒器、加热器、吸奶器、冷热干净水源、台盆。

图 4.3.11-2　婴儿休息区

（5）母婴室采用暖色调设计，结合儿童心理喜好，进行独特专属空间的打造，营造温馨舒适的母婴行车和候车体验。墙体周边制作木质墙裙，提高质感与使用度，家具均采用布艺、耐脏、耐磕碰，防止出现意外，且具备美观实用的特性。

图 4.3.11-3　母婴室家具展示

4.4 饮水间

4.4.1 一般规定

（1）饮水台应有排水设施和防溅水设施，台面宜采用易清洁的材料，外侧应留有 10mm 高挡水坎，给排水管道不宜外露，必要时可设置挡板。

（2）公共饮水间宜采用带净化功能及安全锁的冷热两用电开水器，电开水器宜为亚光不锈钢材质，出水口距离下部台面不宜超过 400mm，下部台面距地高度应为 750mm。

（3）饮水器插座、进出水管宜在饮水器后方暗装。

（4）饮水间地面应设置排水设施。

（5）饮水间应设置美观实用的茶漏。

4.4.2 饮水间实例

（1）开水间水池下部设置抽屉式可拆卸维修板或平开式维修门；饮水机具有远程遥控调节温度、显示时间等功能，为旅客提供更多便捷服务。

图 4.4.2-1 开水间实拍图

（2）台面设置隐形茶漏。

图 4.4.2-2 台面实拍图

（3）每个水龙头底下设置台盆，台盆设置带孔不锈钢盖，防止积水。不锈钢高于台面齐平，便于放置杯具。

（4）台面中部设置双层台下盆，上层台盆为带孔板，作为茶叶收集板，台下盆可避免水流外溢。

图 4.4.2-3　可拆卸透水台盆盖与挡水条

图 4.4.2-4　双层台下盆茶漏

4.5 设备用房

4.5.1 墙面饰面层

（1）墙面、顶棚在装修排版对应整体考虑，确保拼缝一致。

（2）排版过程中，需针对门窗洞口，墙面、顶棚边角等区域全面考虑，确保整体美观协调。避免小于 1/3 标准板材及 200mm 的非整块板材出现。

（3）门洞周边应排版合理，无异型板材，整体美观协调。

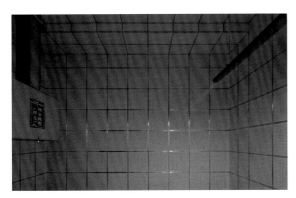

图 4.5.1-1 矿棉吸音板墙面

（4）矿棉吸音板墙面，取消竖向留缝，保留水平分格压条，整齐有序，节约成本。

图 4.5.1-2 矿棉吸音板墙面（取消竖向留缝）

4.5.2 地面饰面层

4.5.2.1 环氧地坪地面

（1）对基层进行找平处理，确保无松散、坑洼、潮湿等现象。

（2）严格按要求进行底涂、中涂、面漆环节，同时在底涂施工之前应该进行仔细打磨，出现槽痕时采用底涂漆加环氧砂进行填补。

（3）最终达到整体平顺光滑无裂纹，耐磨性好的效果；柱根、墙根处细节务必处理完善。

图 4.5.2-1 环氧自流地坪地面

4.5.2.2 玻化砖地面

（1）若大型设备机房设置于地下，该区域所处环境潮湿。故放弃采用自流平地面而采用玻化砖地面进行铺贴，能有效降低潮湿对地面面层的影响。

（2）对整个机房整体进行排版，对设备基础、支墩、排水沟、墙角、转角等处进行细化处理，收口细腻，与设备基础、支架基础等交接处进行打胶处理。

（3）保证整体平整度严格控制在 0.3mm 内，砖缝宽窄保持均匀一致。

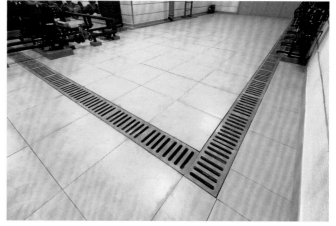

图 4.5.2-2 玻化砖地面

（4）地砖铺贴应该遵循整体平整、整砖铺贴的原则，边角区域避免出现小于 1/3 标准板材及 200mm 以下石材，保证大面效果。

（5）铺贴时，做好成品保护。对设备基础、排水沟进行保护，避免二次污染，影响成型效果及整改工期。

4.5.3　硅酸钙板吊顶

（1）对整改房间先进行现场尺量，根据实际尺寸进行全面排版，根据不同布局对节点部位进行细化，收口处进行深化设计，做好前期策划。

（2）吊顶装修应整体和谐统一，在各类洞口、转角、边缘区域避免出现小于 1/3 标准板材及 200mm 的非整块板材。

（3）现场施工时，对工人进行技术交底，严格执行先放线后确认，确认无误后方可施工。

（4）龙骨安装时应起拱短向跨度的 3‰～5‰，保证罩面板安装完成后形成平面，罩面板安装应拉通线，保证面层平整。

（5）与水电专业提前沟通排版，预留好各末端设备的位置，保证灯具、喷淋等末端设备居中设置，布局合理美观，与饰面板交接处严密。

（6）吊顶根据各管线、设备走向及标高灵活排布设置，具有层次感。

图 4.5.3-1　硅酸钙板吊顶

4.5.4　设备基础

（1）根据设备大小、位置不同，设置不同形式、大小的设备基础，做到棱角分明，边线顺直。

（2）设备基础表面用与地面同色的环氧地坪漆进行涂饰，四周涂刷黄色警示油漆，分色清晰。

（3）同排设备基础应成排成线，横平竖直。

（4）保证基础棱角分明，立体感佳。

图 4.5.4-1　设备基础黄色护角处理效果　　　图 4.5.4-2　设备基础黄黑色条纹处理效果

4.5.5 管道支架基础

（1）混凝土支墩采用简便的方形设计，具有施工简单快捷的特点。

（2）根据支架的不同形式、位置来选择混凝土支墩的大小、形状、排列形式等。

（3）混凝土支墩四周涂刷黄色警示油漆，分色清晰。

（4）将环氧漆向立柱上返 5mm，保证分界清晰细腻。

（5）同排管道支架混凝土支墩应成排成线，横平竖直。

图 4.5.5-1　管道支架基础处理效果　　　　图 4.5.5-2　管道支架基础黄黑色条纹处理效果

4.5.6 排水沟

（1）布局合理，整体布局横平竖直、合理美观，篦子与邻近地面无错台，警示带清晰。

（2）排水沟篦子无小于标准板材 1/3 的板材。

（3）保证沟底坡度：施工时先进行沟内坡底找坡，坡度宜设置在 5‰左右。

（4）主沟宽度宜为 20cm，深 15 ～ 20cm；次沟宽度宜为 15cm，深 10 ～ 15cm。

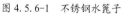

图 4.5.6-1　不锈钢水篦子　　　　　　　　图 4.5.6-2　复合型水篦子

4.5.7 导流槽

（1）导流槽引导准确、布局合理，采用内嵌金属槽形式构成。不锈钢导流槽深度应适中，深度为 30 ～ 50mm。

（2）成排设备基础周边导流槽中心距设备基础尺寸、形式、坡度应一致，转角处 45°拼接。

图 4.5.7-1　合肥南站金属导流槽

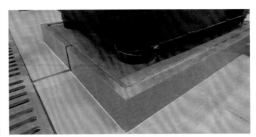
图 4.5.7-2　宁波站机房金属导流槽

图 4.5.7-3　贵阳北站机房导流槽

4.5.8 可视化电缆沟盖板

（1）电缆沟盖板为花纹钢板材质，间隔采用钢化夹胶玻璃取代花纹钢板。通过玻璃透视监测沟内电缆，可有效提升运营管理水平。

（2）在夹胶玻璃底部铺设橡胶垫避免直接接触，能有效保护盖板玻璃。

（3）沟边涂刷宽 50mm 的黄色警示带，玻璃宽 400mm。

（4）可视化电缆沟玻璃盖板在转角处必须设置，平直段约 3m 设置一块。

图 4.5.8-1　可视化电缆沟盖板

4.5.9 跨管道栈桥

（1）部分设备机房由于管道排布高度大于50cm，且形成封闭区域，需经常进入该位置检修，故增设跨管道栈桥。

（2）采用砖砌筑形式，面层用环氧漆涂刷。

（3）临边采用黄黑相间警示带，清晰醒目。

（4）栈桥踏步宽度为25cm，高度为20cm。

图 4.5.9-1　跨管道栈桥

4.6 办公区

4.6.1 明龙骨块材吊顶

（1）吊顶排布：走道吊顶板数量应为奇数，末端设备在板块居中位置，不应骑缝。灯、喷淋等设施安装牢固。

（2）吊顶标高线、控制线、吊杆的排布线及各设备点位线的弹放应统一协调。

（3）遇建筑结构伸缩缝、变形缝时，吊顶宜根据建筑变形量设计变形缝尺寸及构造。

（4）龙骨及面层材料表面应洁净、色泽一致，不得有翘曲、裂缝及缺损等现象。

（5）吊顶板设备居中处理方法：中间三块标准吊顶板，两侧为石膏板条。

图 4.6.1-1　吊顶板设备居中处理方法

4.6.2 地砖地面

（1）合理排砖，做到多整砖，少碎砖。非整砖要使用在次要、阴角及视线不明显的部位。如门后侧、窗间墙、地面边墙或柜下，但须一致、对称。

（2）接缝要平直、光滑，填嵌连续、密实，宽度和深度均保持一致，并符合设计要求。地砖与墙砖、踢脚线规格尺寸一致时，应对缝镶贴。

图 4.6.2-1　办公区地砖排版效果

4.6.3 楼梯踏步

（1）楼梯踏步面层应进行防滑处理。通过在玻化砖或石材面上直接开槽，可达到防滑的目的，又不影响楼梯整体美观的效果。

（2）防滑槽的设置以 2～3 道为宜，槽宽 1cm，槽深 2～3mm，槽间距 2cm，起步槽距离踏步边缘 3cm。

（3）楼梯踏面石材外挑 3～5mm，与侧立面交接分明，平整顺直，踏面上弧进行圆角处理。

图 4.6.3-1　楼梯踏步面防滑处理　　　　图 4.6.3-2　楼梯踏步面石材外挑处理（1）

图 4.6.3-3　楼梯踏步面石材外挑处理（2）

4.6.4 墙面踢脚线

（1）墙体下部抹灰不到底，预留出贴踢脚线厚度。

（2）踢脚线出墙厚 8mm，上口整洁无污染。

（3）梯段宜采用梯形踢脚，与踢面对齐。

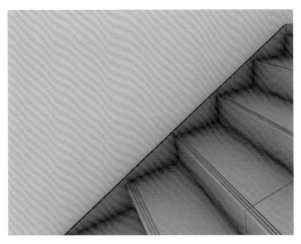
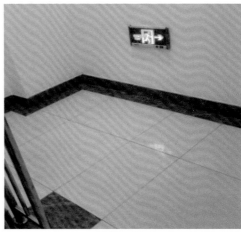

图 4.6.4-1　墙面踢脚线

4.6.5 楼梯滴水线

（1）为防止滴水倒流造成污染，应在室内外楼梯端部做滴水线。

（2）宜采用成品石膏线，石膏线宽 60mm，厚 15mm，预留宽 10mm、深 7mm 的凹槽，槽内分色。

（3）滴水线在梯井处应交圈，石膏线转角处 45°拼接，端头距墙 25mm。

（4）滴水线在首层防火墙位置收头，避免出现"L"形。

图 4.6.5-1　楼梯间滴水线实景

71

4.6.6 楼梯顶部平台

（1）在楼梯间顶层或临空高度超过 2m 的楼梯平台栏杆下应设防物体坠落挡台，临空挡台安装效果与整体装修风格协调一致。

（2）挡台面层宜与楼梯间踢脚线材质及高度一致，且高度不小于 100mm，厚度以 120mm 为宜。

（3）挡台外边沿与临空面平齐。

图 4.6.6-1　楼梯顶部平台挡台

图 4.6.6-2　不锈钢挡台

图 4.6.6-3　挡台晒阳角做圆弧角处理

4.7 其他

4.7.1 栏杆扶手

4.7.1.1 不锈钢栏杆扶手

（1）不锈钢栏杆、扶手应安装牢固，无晃动，高度一致，允许偏差控制在 3mm 以内。

（2）局部区域扶手摒弃圆管设计，采用更适宜手扶的扁椭圆形不锈钢管。其特点是造型新颖，更具人性化。

（3）栏杆、扶手平直段长度及转弯弧度一致，更显舒适自然。

（4）栏杆根部安装装饰扣盖并固定牢靠。

（5）栏杆立柱距离踏步飞檐边距离以 100mm 左右为宜。

（6）扶手节点细腻，焊缝饱满，表面打磨光滑细腻。

（7）扶手端部均采用下弯或水平弯曲的方式处理，避免伤到旅客。

图 4.7.1-1　不锈钢栏杆扶手

4.7.1.2 木质栏杆扶手

（1）采用触感更好的斜面实木扶手，避免了不锈钢扶手的冰凉感，给旅客带来细致入微的人文关怀，切实贯彻绿色温馨的建设理念。

（2）安装扶手的固定件：位置、标高、坡度找位校正后，弹出扶手纵向中心。按栏板或栏杆顶面的斜度，配好起步弯头，采用割角对缝粘贴。

（3）预制木扶手须经预装，预装木扶手由上而下进行，先预装起步弯头及连接第一跑扶手的折弯弯头，再配上上下折弯之间的直线扶手料，进行分段预装粘贴。

（4）扶手折弯处如有不平衡的，应用细木锉锉平、找顺磨光，使其折角线清晰、坡角合适，自然、断面一致，最后用木砂纸打光处理。

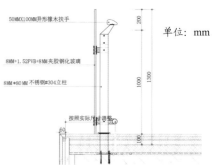

图 4.7.1-2　怀来站木质栏杆扶手

4.7.2 异型玻璃栏板

（1）玻璃栏板采用装配式安装，玻璃嵌入异型横杆、地面嵌入不锈钢 U 形槽安装。

（2）通过立柱做变截面异形方管（底部 80mm×40mm，顶部 63mm×40mm），使立柱与扶手横杆吻合对接。

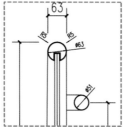
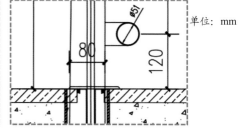

图 4.7.2-1　异型玻璃栏板

4.7.3 沉降观测点

（1）为了不影响建筑整体外观造型，同时满足规范和观测要求，沉降观测点宜采用隐藏分段式。

（2）装饰幕墙排版完成后，在面层材料施工前应将沉降观测点第一段埋入结构主体相应位置。根据幕墙完成面距离结构主体的距离，定制观测点第一段长度，长度满足出幕墙完成面 2cm 即可。

（3）根据沉降观测点定位和幕墙面层材料排版放线位置，在面层材料对应位置开孔。开孔尺寸为 8cm×8cm。

（4）面层材料安装完成后，将沉降观测点保护盒嵌进石材洞口内，并将观测点第二段折叠放入盒内。

（5）保护盒安装完毕后，扣盖四周进行打胶处理，胶缝宽度以 5mm 为宜。

（6）胶缝表面应保证光滑、平整、顺直。

图 4.7.3-1　沉降观测点

4.7.4 电梯、自动扶梯

4.7.4.1 一般规定

（1）旅客进站、出站流线上宜设置电梯、自动扶梯，若暂未设置电梯，需预留电梯的设置条件；枢纽站、始发终到列车较多的车站，宜设置双扶梯。

（2）电梯井道和机房不宜与有安静要求的房间相邻布置，否则应采取隔振、隔声措施。

（3）设置自动扶梯或自动人行道所形成的上下层贯通空间，应符合《建筑设计防火规范》（GB 50016）、《铁路工程设计防火规范》（TB 10063）及《铁路旅客车站设计规范》（TB 10100—2018）所规定的有关防火分区等要求。

（4）栏杆应以坚固、耐久的材料制作，并能承受《建筑结构荷载规范》（GB 50009）规定的水平荷载。

（5）临空处栏杆（板）离楼面或屋面 100mm 高度内不宜留空。

4.7.4.2 电梯细部要点

（1）电梯内部线缆应统一为线槽走线，且应隐蔽处理。控制面板宜采用亚光不锈钢板且不应置于门边，控制按钮和显示屏布置应美观，显示屏数字清晰，质感良好；电梯轿厢内应设置防撞护栏。

（2）电梯与楼、地面衔接处不应出现错台。扶手和防撞踢脚应采用外径 50mm 不锈钢圆管通长设置，应尽可能靠近轿箱外围护结构。

（3）电梯周围临空应采用明框玻璃幕墙，玻璃分块应整齐，电梯厅门侧从楼、地面向上的第一块玻璃的分隔高度不宜小于 2400mm。

图 4.7.4-1　电梯

4.7.4.3 自动扶梯细部要点

（1）室内地面与扶梯上、下底板应按等标高设计，自动扶梯与地道、站台以及其他室外地面连接处，扶梯上、下底板应高于地面 20mm，高出部分应按缓坡处理；若采用室外型扶梯，上、下底板可与地面平齐处理。

图 4.7.4-2　自动扶梯

（2）当并排安装的自动扶梯在采取安全措施时，两者之间的间距应尽可能小。自动扶梯安装后如留有缝隙，应通过拉丝不锈钢饰面板密缝或压缝处理。

（3）当自动扶梯与墙体相邻安装，在采取安全措施时，其间距应在满足安装需求的前提下应尽可能小，应采用拉丝不锈钢板衔接扶梯护板与墙体的间隙，接缝应顺直平整。

（4）楼梯、自动扶梯并列设置时，楼梯踏步边缘与扶梯侧挡板应尽量紧贴，缝隙应打胶封堵，装修后应达到密缝效果。楼梯、扶梯之间存在高差的部位应采用与自动扶梯梯身相同的材料进行封堵。

（5）自动扶梯端部防护，并行自动扶梯之间应安装安全玻璃栏板；平台护栏应向垂直于自动扶梯栏板方向进行延伸，并应与自动扶梯栏板紧贴，自动扶梯扶手处应留出安全间隙。

第5章

幕墙工程
Muqiang Gongcheng

5.1 细部导则

5.1.1 一般规定

（1）幕墙保温、隔热、防潮、水密性、气密性等应符合国家、地方和铁路行业相关标准的规定。

（2）玻璃应采用超白玻璃或经过均质处理的玻璃，防止自爆。

（3）不同饰面材料幕墙分格、颜色应协调。通透玻璃幕墙处的室内外墙面饰面材料水平缝宜一致。

（4）装饰面层及基层应在结构变形缝处断开，并应满足结构变形的要求。

（5）外墙面 2m 以下装饰应采用不易破损、易维护、耐久性好的装饰材料。

（6）幕墙防雷装置必须与主体结构防雷装置可靠连接。

5.1.2 玻璃幕墙细部要点

（1）幕墙立面设计应简洁明快，分块均匀。幕墙玻璃分块尺寸不应过大，玻璃幕墙从楼、地面向上的第一块玻璃的分格高度不宜小于 2.2m，颜色不宜过深（有特殊效果要求的除外），宜采用具有安全性能的高透低反射超白安全玻璃，且应满足节能要求。玻璃幕墙第一块分隔范围内不宜出现通风窗。

（2）外玻璃幕墙处可视的室内各构筑物均应做装饰处理。

（3）幕墙玻璃不应直接落地，应采用窗框落地或设置防撞踢脚，设踢脚时高度不宜超过 100mm，应便于幕墙清洗。

（4）当玻璃幕墙在楼面层设防撞设施时，应采用 $\Phi63$ 的不锈钢扶手及 $\Phi50$ 的不锈钢踢脚栏杆，不锈钢扶手及踢脚栏杆的高度应分别为 1100mm 和 100mm。

（5）幕墙型材及外露钢结构面层应采用氟碳涂层。

5.1.3 石材幕墙细部要点

（1）石材幕墙分格尺寸应适宜，同一区域石材的颜色应均匀一致。

（2）石材幕墙应采用干挂石材，其构造应方便施工。石材厚度应结合安装方式和强度要求确定，不应小于 25mm，其抗压强度不应低于 MU110。挂件及紧固件应采用不锈钢材质。

（3）石材装饰阳角收边宜进行打磨、倒圆角处理。

（4）室外石材幕墙结构连接方式的选用应考虑伸缩、沉降不均等因素。

（5）石材装饰在人员密集场所和通道的上部严禁采用倒挂（贴）做法。

5.1.4 铝板幕墙细部要点

（1）室内外铝板幕墙距楼、地面 2m 以下的应加背衬板或后置加强筋，确保安装平整、牢固。

（2）室外铝板幕墙缝宽应与建筑风格相协调。需打胶时，胶缝颜色应与整体协调。

（3）铝板幕墙宜采用卡挂方式系统固定，不得采用拉铆方式固定。

（4）铝板幕墙宜采用铝单板或铝蜂窝板，板块过大时应有加强措施保证产品的平整度。

（5）其他金属板幕墙设计要点可参照本规定要求执行。

5.2 幕墙工程实例

5.2.1 贵阳北站

（1）贵阳北站外立面造型新颖典雅，结合当地花桥、鼓楼印象，外立面虚实对比，色彩丰富，展现贵阳的多彩特质。站房两侧线条流畅，现代感强，吻合贵阳层峦叠嶂的地理特征。

图 5.2.1-1　贵阳北站正立面

图 5.2.1-2　贵阳北站夜景

（2）连续多曲面幕墙相互交织成5道巨型门拱，单面采用586块镂空花纹板、423块玻璃、758块格栅线条组成多曲面，有造型复杂的特点。

图 5.2.1-3　幕墙造型结合当地"花桥、鼓楼"传统建筑元素

（3）采用玻璃幕墙、双层铝板幕墙和石材幕墙相结合进行装饰。玻璃幕墙采用中空钢化"Low-E"镀膜玻璃，具有良好的通透性、隔热性和安全性，幕墙造型庄重典雅，线条流畅，色泽均匀，胶缝饱满顺直。单元板块采用 BIM 技术预先排版，从而做到整齐划一。

图 5.2.1-4　外立面玻璃幕墙　　　　　　　图 5.2.1-5　站房南立面复合幕墙

5.2.2 合肥南站

5.2.2.1 超大面积连续玻璃幕墙

面积为 6500m²、最大高度为 25.2m 的单向单索式玻璃幕墙及面积为 6400m² 国内首创索框玻璃幕墙分别由 112 套拉索、156 套索框和 2150 块"Low-E"玻璃组成，玻璃幕墙占外幕墙面积的 70.1%，整体简洁通透。

5.2.2-1　合肥南站正立面图

图 5.2.2-2　合肥南站夜景

5.2.2.2 拉锁幕墙

（1）单向单索玻璃幕墙，其主要受力结构为预应力张拉索，饰面玻璃通过菱形夹具固定于竖向拉索前端，具有结构体系简洁大方、整体轻盈通透、极富现代感的特点。

（2）单向单锁幕墙菱形夹具精巧细致，与幕墙整体协调一致。

（3）单向单索幕墙相较于其他类型玻璃幕墙，具有采光通透、观感良好等特点。

（4）精心深化幕墙图纸，细化各个节点的施工做法。

（5）结构体系进行精密计算，同时参考地面铺装分缝情况，确定纵向索具的布设位置及间距。

（6）制定合理施工方案，重点确定索具张拉工艺，做好各项施工的技术交底。

 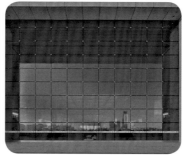 

图 5.2.2-3　拉锁幕墙实景图　　　图 5.2.2-4　拉锁幕墙胶缝（平滑饱满）图 5.2.2-5　拉锁幕墙夹具（节点精细）

5.2.2.3 索框幕墙

（1）索框幕墙为拉杆与钢桁架组合结构体系，拉杆隐藏于玻璃胶缝内部，结构桁架宛如悬空，整体结构体系具有新颖独特的特点。

（2）顶部数量拉杆、横向水平拉杆通过玻璃间密封胶隐藏，中间钢桁架体系与四周结构不相连，形成整体轻盈漂浮的效果。

 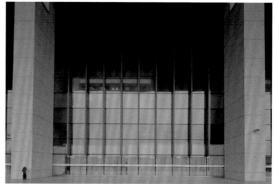

图 5.2.2-6　索框幕墙实景图

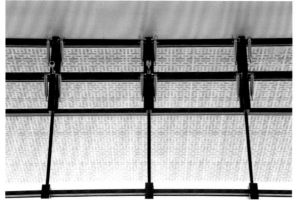 

图 5.2.2-7　索框幕墙拉杆　　　　　　　　　图 5.2.2-8　索框幕墙支撑臂

5.2.3 宁波站

5.2.3.1 外立面复合幕墙

（1）宁波站外幕墙檐口铝板、"水滴"幕墙上下弧面玻璃、立面玻璃、铝板幕墙及落客平台檐口铝板幕墙、仿石材幕墙排版考究，整体通缝设置，交接处理细腻，整体统一、相互协调。

（2）外幕墙装饰整体简洁、美观大方，各部位板材分格缝对缝整齐，对称统一。

（3）细部节点精雕细琢，确保细部处理细腻美观。

（4）收口细致，不同板材间衔接良好，过渡自然。

（5）胶缝饱满顺直，宽窄一致（以 10 ～ 15mm 为宜，根据不同材质选取），收口细腻，颜色选取与整体协调统一。

图 5.2.3-1　宁波站正立面

图 5.2.3-2　宁波站夜景

5.2.3.2 "水滴"幕墙

（1）"水滴"幕墙为双层双曲面点支撑玻璃幕墙体系，具有造型新颖、灵动自然的特点。该体系采用1376块形状、大小各异的多边形玻璃拼接而成，具有表面光滑圆润、弧度自然、曲线感强等特点，内侧用自洁净"ETFE膜"封闭，形成晶莹透亮的自然空间，整体造型轻盈通透，极富灵动感；整体灵动新颖的设计配合耀眼绚丽的夜景明显提升了整个视觉观感效果。

（2）玻璃幕墙结构形式各异，不同类型玻璃幕墙具有不同的特点。点支撑玻璃幕墙相对于其他类型玻璃幕墙，具有造型多样、通透性好、表面光滑、观感良好等特点。

（3）"水滴"幕墙为整个建筑的点睛之笔，具有灵动自然的建筑效果。

（4）双曲面玻璃幕墙表面弧度控制难，精度要求高，可使用计算机三维建模，进行深化设计排版，在厂家进行编号排序，并进行预拼装。

（5）现场安装时，对工人进行技术交底，按编号进行对称安装，及时调整安装误差，并保证表面弧度自然，从而达到设计效果。

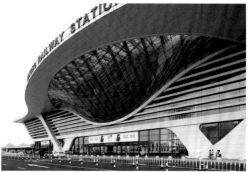

图5.2.3-3 "水滴"幕墙（表面玻璃光滑圆润，弧度自然，过渡平缓，晶莹透亮）

图5.2.3-4 "水滴"幕墙安装效果

5.2.4 黄山北站

（1）黄山北站建筑整体庄重典雅，"奇松迎客、黄山为题"，以中国写意山水的笔法描绘出黄山北站的古徽新韵。

图 5.2.4-1　黄山北站正立面

（2）黄山北站独创超长超大双曲面异形组合幕墙悬挑设计体系，其外幕墙的横向格栅构件模拟迎客松及黄山石的意象。组合幕墙（24m）大跨度龙骨采用钢桁架支撑结构，两侧伸出悬挑摇臂杆件浮动连接支撑双层异形组合幕墙。

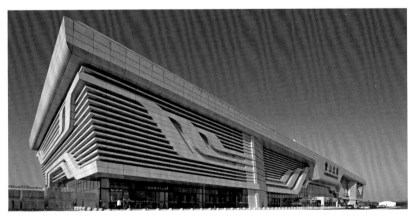

图 5.2.4-2　悬挑摇臂杆件浮动连接支撑结构体系

（3）黄山北站进口站增设融合"徽派"元素门斗，形成了室外与室内环境的过渡空间，更有效地降低能源消耗。幕墙玻璃和采光天窗采用"Low-E"双层中空钢化镀膜玻璃，具有良好的隔声、隔热和保温性能。

图 5.2.4-3　"徽派"元素门斗

图 5.2.4-4　进站厅侧

5.2.5 昆明南站

（1）昆明南站建筑造型汇聚云南元素之精华，抽衍动植物王国之形神，简约灵动、气势恢宏，融入云南"仿木构歇山顶棚""孔雀开屏"等民族元素，彰显七彩云南民族交融、开放进取的精神。

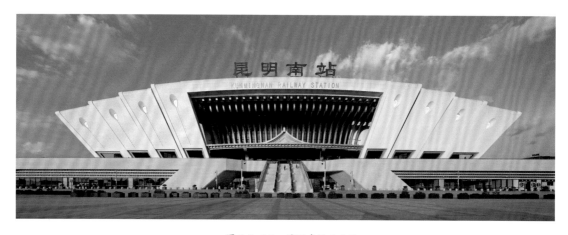

图 5.2.5-1　昆明南站正立面

图 5.2.5-2　昆明南站夜景

（2）28 根"S"形柱采用金色氟碳喷涂，曲线圆润，色泽亮丽；金色中庭 14 只孔雀，100 余个傣族纹样，做工精细，栩栩如生；八束孔雀翎羽与中部仿木构歇山顶棚形成"孔雀开屏"的优美意境，成为云南最具代表的地标性建筑。

图 5.2.5-3　昆明南站正立面造型图

（3）站房主立面 6000 m² 羽翼雕花铝板幕墙，厚 15mm 浮雕铝板与厚 20mm 蜂窝铝板叠加构建，运用羽翼 BIM 建模、雕花多联无错缝空间拼接、厚浮雕 PC 技术，成品精细美观。

图 5.2.5-4　厚 15mm 浮雕铝板与厚 20mm 蜂窝铝板叠加构建

（4）南北立面超长铝板吊顶最大贯通长 410m、宽 13m，五叠级阶梯布置。龙骨创新采用"地面预拼装、分段提升、高空对接"的工艺，提高焊接质量及安装安全稳固性。板面采用"钢琴键盘"式分隔，安全稳定，富有现代气息。

图 5.2.5-5　"钢琴键盘"式超长"橡木"式悬挑吊顶

（5）外立面采用石材—铝板—玻璃复合幕墙形式。室外复合幕墙和谐统一，墙、顶、地三维对缝、立体交圈。

图 5.2.5-6　室外复合幕墙

5.2.6 富阳站

（1）富阳站幕墙以简洁明快、线条流畅、分格清晰、造型独特来体现建筑的时尚风格和现代气息。深入考虑整体视觉效果，建筑整体由外而内显得更加和谐、统一、精致。

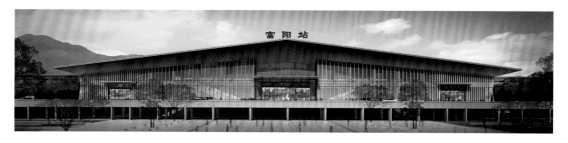

图 5.2.6-1　富阳站正立面

（2）檐口造型采用厚 3.0mm 的铝单板，对应幕墙立柱分格模数 1500mm 做装饰线条，细部用现代设计手法来体现当地传统建筑元素。

图 5.2.6-2 檐口造型结合当地"孙权故里"传统建筑元素

（3）采用双层"Low-E"中空玻璃组合幕墙，横隐竖明玻璃幕墙系统立柱间距 1500mm，室内侧采用 150mm×90mm 的钢结构造型立柱，室外侧采用 150mm×90mm 的铝合金型材立柱，排布均匀、线条整齐，整体庄重大气。

图 5.2.6-3 富阳站双层"Low-E"中空玻璃组合幕墙

（4）幕墙立柱正面细部构造设计了 30mm×30mm 的凹槽，增加构造细节，使立柱观感更显修长、挺拔。

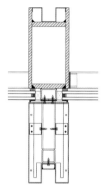

图 5.2.6-4 龙骨构造

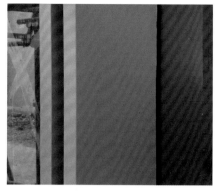

图 5.2.6-5 外侧细部

图 5.2.6-6 内侧细部

（5）复合型幕墙不同材质（玻璃、石材、铝板等）在施工前应整体排版策划，各专业应提前复核确认轴线、标高，确保交圈一致，不同材质幕墙、幕墙与地面、幕墙与檐口对缝。

图 5.2.6-7 复合型幕墙

5.2.7 南昌站

南昌站外幕墙为黄金麻石材，选用同一矿山石料，采用火烧面加工，涂刷双遍水性防护剂，使整个立面色泽统一。

图 5.2.7-1 南昌站侧立面

5.2.8　东花园北站

（1）东花园北站室外幕墙为石材、玻璃、铝板复合幕墙。

（2）在元素形态上，由牵牛花、海棠花提取出的花冠形状，花蕊采用剪纸镂空工艺，并将整体形式的演变运用到大型公共空间中，营造出"花繁叶茂"的空间意境。

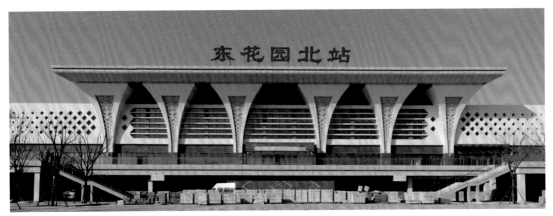

图 5.2.8-1　东花园北站正立面

图 5.2.8-2　东花园北站夜景

5.2.9　怀来站

（1）怀来站房外立面为 12 根象征葡萄美酒夜光杯的"Y"形柱；取意古建历史变迁"鸡鸣驿古城墙"的陶土板，显现了怀来的历史底蕴，更是古代建材在现代的发展和延续。

（2）"Y"形柱采用箱型钢加工制作而成，箱型钢直线段边长为 400mm，圆弧段长为 314mm，截面总周长为 2856mm。造型钢雨棚框架主次梁均为热轧 H 型钢，材质均为Q345C。

图 5.2.9-1　怀来站侧立面

（3）幕墙北立面四张主体壁画浮雕，分别代表了怀来的四张名片，"一座古城""一位英雄""一湖净水""一瓶美酒"，开门见山地介绍了怀来的自然人文景观和文化内涵。

（4）每块浮雕重约 500kg，总重约 2000kg。浮雕高 8.63m，宽 3.32m，采用紫铜手工锻打錾刻工艺。

图 5.2.9-2　一座古城　　图 5.2.9-3　一位英雄　　图 5.2.9-4　一湖净水　　图 5.2.9-5　一瓶美酒

5.2.10 南阳东站

为解决幕墙胶缝老化发黄、发黑的难题，自主研发的新型的开放式幕墙施工节点，同时解决了幕墙拼缝不打胶、不渗漏的难题，为后期的开放式幕墙施工提供了经验借鉴。

图 5.2.10-1　南阳东站正立面

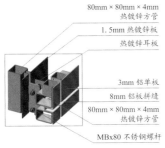

图 5.2.10-2　南阳东站开放式幕墙节点及现场效果

　　南阳东站主进站口门斗大门四周辅以云纹造型铝板，与站房云纹形态铝板幕墙交相辉映，大版面曲线云纹施工浑然一体，高度结合站房外幕墙"云中卧龙"整体气息，显得端庄大气，过渡自然。

图 5.2.10-3　南阳东站外幕墙云纹铝板造型　　　　图 5.2.10-4　南阳东站"云纹"元素门口

5.2.11 吉水西站

对于站房无法避免的反吊仿石铝板，吉水西站将工艺提升至极致。经过数十版的方案对比，基本达到毫无色差。同步对站房立面造型效果继续提升，将站房两侧的窗棂条石窗通过仿石铝板制作，进而提升立面完整性。

图 5.2.11-1　吉水西站正立面

5.2.12 吉安西站

吉安西站外立面造型来源于井冈山五指峰，利用 BIM 及样本研究山体五指峰的进深感。主要体现檐口外挑长度、光线效果与山体的关系，以俊秀挺拔的山体烘托宏伟壮志的革命情怀。

图 5.2.12-1　吉安西站正立面

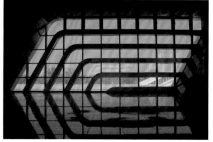

图 5.2.12-2　铝板、玻璃幕墙五指峰造型

第6章

电气工程

Dianqi Gongcheng

6.1 通用接地安装

6.1.1 接地干线安装

（1）接地干线材质、规格、型号、尺寸、位置应符合设计要求，其所有引入引出点应严格按照设计要求设置。

（2）水平环形连接的扁钢跨越门口时应采用成品弯头过渡后暗敷设于地面内。

（3）接地干线与墙壁间的间隙以 10 ～ 20mm 为宜，保证均匀统一，水平环形接地扁钢安装高度由设计确定，且不应与插座高度有冲突。

（4）变压器、高压配电室、发电机房的接地干线上应设置不少于两个供临时接地用的接线柱或接地螺栓，接地螺栓为 M10×30 镀锌螺栓，蝶形螺母及垫圈齐全；临时接地螺栓处留出 5cm 不刷漆，且此部位应有明显的标识。

（5）接地干线全长或区间段应涂以 15 ～ 100mm 的宽度相等的黄绿相间的条纹标识，接地连接点及两侧 10mm 内不应涂刷。

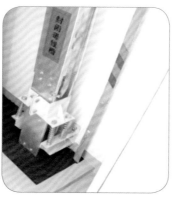

图 6.1.1-1 跨门处接地干线的设置　　图 6.1.1-2 接地干线区间段黄绿标识　　图 6.1.1-3 接地干线的固定

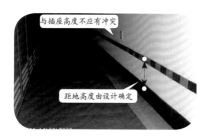

图 6.1.1-4 接地干线安装　　图 6.1.1-5 跨越门口时暗敷设于地面内　　图 6.1.1-6 电动开启挡鼠板

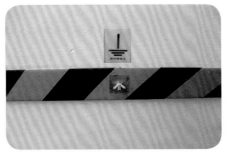

图 6.1.1-7　临时接地点做法（1）　　　图 6.1.1-8　临时接地点做法（2）

6.1.2 总等电位箱安装

（1）总等电位端子箱安装位置和标高，需做等电位联结的部件，引入和引出的接地线规格型号、数量，引入点位置、引出点位置等均应符合设计要求，设计图纸不明确时应及时办理变更洽商。

（2）总等电位箱应在箱门内侧张贴总等电位联结系统图，标明各回路用途和联结线的规格型号。

（3）联结线联结完后应挂永久性标识，注明每条联结线的用途。

图 6.1.2-1　变配电室总等电位箱箱门标识　　　图 6.1.2-2　变配电室总等电位箱回路标识（1）

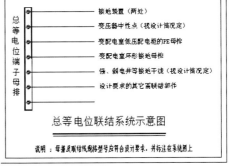

图 6.1.2-3　变配电室总等电位箱回路标识（2）　　　图 6.1.2-4　总等电位端子箱联结系统示意图

6.2 屋面部分

6.2.1 接闪带在屋檐、女儿墙上安装

（1）接闪带安装位置应符合设计要求，如设计无要求时，应设在外檐垂直面上。

（2）接闪带安装高度距女儿墙完成面应不低于150mm，全长均匀涂刷银粉漆。

（3）接闪带采用附加镀锌圆钢焊接或"乙"字弯焊接，双面施焊。

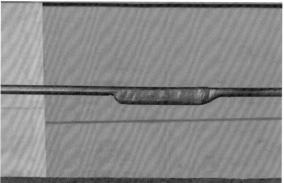

图 6.2.1-1　接闪带在屋檐、女儿墙上安装及焊接

（4）接闪带（线）跨越沉降缝及伸缩缝的补偿措施有以下几点：

①接闪带（线）在跨越沉降缝及伸缩缝处应设置圆弧过渡补偿，圆弧中心与变形缝中心保持一致；

②圆弧弯宜采用镀锌圆钢一次性过渡，不宜使用短圆钢弯曲后与接闪带搭接；

③圆弧两侧距离300mm内应单独设置固定支架。

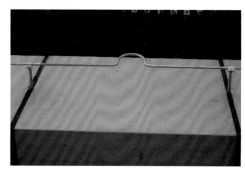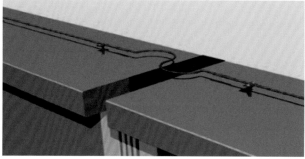

图 6.2.1-2　接闪带跨越沉降缝及伸缩缝的补偿措施

（5）建筑物檐角防雷保护有以下几点：

①接闪器在屋面直角弯处应安装短接闪杆或"Ω"弯补偿；

②当采用"Ω"弯补偿时，檐角两侧圆钢的弧线应对称，圆弧两侧距离 300mm 以内应单独设置支架；

③当采用短接闪杆时，需采用直径不小于 12mm 的热镀锌圆钢，接闪杆长度以 30～50cm 为宜。

图 6.2.1-3　建筑物檐角防雷保护

6.2.2 屋面防雷引下线

（1）引下线的接引线引出女儿墙或屋檐时应竖直，引出位置要便于与接闪带的连接。

（2）引下线与接闪带连接处应设置明显的标识，样式与屋面环境协调。

6.2.3 利用金属栏杆做接闪器

（1）当采用金属栏杆做接闪器时，应核实金属栏杆的材质及壁厚。其材质及壁厚应符合设计要求，并取得设计方书面确认。

（2）接引线与金属栏杆连接处宜采用焊接，连接位置应选择在金属栏杆顶部。当金属栏杆材质为不锈钢或铝合金时，应采用氩弧焊。

图 6.2.2-1　防雷引下线标识

图 6.2.3-1　利用金属栏杆做接闪器

6.2.4 屋面设备配电管路及防雷等电位连接

（1）当设备电源采用钢管由地面引至设备时，电源管要与设备电源接线盒位置保持一致，且与设备电源盒的高低差不宜超过 15cm。

（2）应与钢管并列预留 40mm×4mm 的接地镀锌扁钢，两者间距宜为 15cm 且与设备平行，扁钢预留高度距基础完成面或小墩台面 10～15cm，利用 6mm² 的黄绿双色软铜线将钢管、设备金属支座及设备金属外壳（当支座与设备间有绝缘减震片时）分别与接地扁钢进行连接，不得串联。接地线应与专用接地螺栓连接，不得连接在设备的固定螺栓上。

（3）金属软管应采用防水型软管，与钢管连接处应采用防水弯头，软管两端使用专用接头进行连接，软管长度不应超过 0.8m 且应形成滴水弯。

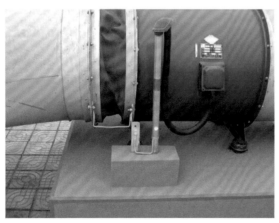

图 6.2.4-1　屋面风机电源配管及接地做法

6.2.5 屋面金属物防雷等电位接地

（1）屋面的金属栏杆、管道、设备、爬梯、透气管、栈桥等外露的金属物应与接闪器进行可靠连接。

（2）接地线与有漆面的管道连接时，需清除接触面的绝缘层，选择与管径一致的抱箍，卡箍应紧密、牢固。

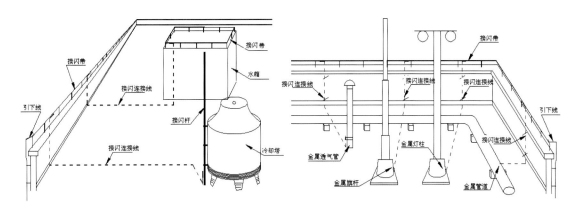

图 6.2.5-1　屋面金属物防雷等电位联结示意图

 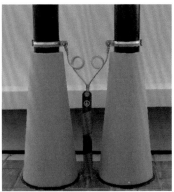 

图 6.2.5-2　爬梯接地　　　　图 6.2.5-3　金属透气管接地　　　　图 6.2.5-4　灯杆接地

（3）安装屋面接闪杆时应注意以下几个方面：

①屋面上突出的建筑物或设备高出接闪器保护范围时，应单独增设接闪杆或接闪带保护。安装接闪杆时，接闪杆使用的材质采用热镀锌金属钢管或圆钢，其直径不应小于下列数值。

103

表 6.2.5-1　　　　　　　　　　　接闪杆采用材质及规格要求

序号	接闪杆长度（m）	接闪杆材质	规格（mm）
1	1	圆钢	12
		钢管	20
2	1～2	圆钢	16
		钢管	25
3	烟囱顶上的针	圆钢	20
		钢管	40

② 接闪杆的最高点与被保护设备最边沿约为 45°夹角，方能对被保护设备起到保护作用，制作时应适当增加高度。

③ 接闪杆应垂直安装，与防雷引下线或接地干线宜采用焊接或螺栓连接；连接处焊缝饱满，接合紧密，并有足够的机械强度。

④ 接闪杆或接闪带应与接闪器可靠连接，接闪杆高于 60cm 时需使用支架固定。

⑤ 航空障碍灯、金属透气帽、铸铁排水透气管等均应安装接闪杆，接闪杆应高于设备50cm，且与接地干线可靠焊接。

⑥ 与接地干线连接处均应有接地标识，且清晰。

图 6.2.5-5　接闪杆与接地干线连接图　　　图 6.2.5-6　航空障碍灯处接闪杆

图 6.2.5-7　突出屋面的设施增设接闪杆作防雷保护

图 6.2.5-8　突出屋面的设施增设接闪带作防雷保护

6.2.6 屋面槽盒安装

（1）屋面槽盒底部应有泄水孔、盖板应有坡度且接头处应做成封闭型。

（2）室内外连通的槽盒，入户处应做内高外低的爬坡弯，高低差 250mm 以上为宜。安装完毕后内外侧应做好防水及防火封堵。

（3）屋面槽盒的支架应采用角钢或槽钢制作"工"字形支架，距离地面不宜低于 250mm，横担宽度宜比槽盒宽度小 1cm，支架下端埋设于混凝土基础内。

（4）对于上人屋面安装的槽盒，应在人员通过位置处设置"请勿踩踏"或"禁止踩踏"的警示标识。

6.2.7 屋面配电箱、柜安装

图 6.2.6-1　屋面槽盒设置带坡度盖板　　　　图 6.2.6-2　屋面槽盒底部设置泄水口

图 6.2.6-3　屋面槽盒设置警示标识　　　　图 6.2.6-4　室内外连通的槽盒做法

（1）屋面配电箱、柜防护等级应满足设计要求，上端不应有预留孔或开孔。

（2）屋面配电箱柜应为双层门，门内侧有密封胶圈，箱柜顶成斜面且四周带檐。

（3）明装配电箱安装时箱体背面不应开孔，应采用专用配电箱安装支架，防止雨水浸入。

（4）落地安装的配电柜、箱，基础应高于屋面，周围排水通畅，其底座周围应采取封闭措施。

（5）屋面配电箱柜所有进出管路的管口应采用防火泥封堵严密。

图 6.2.7-1　屋面配电箱

图 6.2.7-2　屋面箱柜进出线管口封堵

图 6.2.7-3　配电箱墙面并列安装示意图

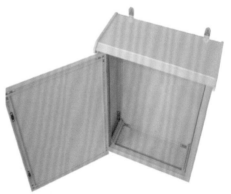
图 6.2.7-4　防水配电箱结构示意图

6.2.8 屋顶站名

（1）电源管应采用镀锌钢管敷设。

（2）屋面配电箱、柜按 6.2.7 要求进行设置和安装。

（3）站名基础应与防雷引下线引出点可靠连接。

图 6.2.8-1　站名标识电源管及配电箱设置

6.3 强弱电竖井及配电间

6.3.1 强弱电竖井及配电间综合排布

（1）结构预留阶段应策划好各设备的具体位置，对槽盒洞口、配电箱、等电位箱的位置进行准确定位，做好相关预留。

（2）多个成排落地柜制作整体槽钢基础，槽钢基础上焊接接地螺栓。

（3）同一房间的落地配电柜加工制作高度、厚度宜一致。

（4）同一墙面的明挂箱安装时箱体下边或上边平齐。

（5）配电箱、柜门必须保证留有足够的开启角度和检修操作空间。

图 6.3.1-1 配电间综合排布

6.3.2 强弱电竖井及配电间等电位接地

（1）区间内的配电箱（柜）PE 排、金属槽盒（梯架）、母线金属外壳、楼板钢筋等均应按照设计要求进行等电位接地。

（2）当区间内设计要求预留局部等电位箱或接地钢板时，区间内各设备管道的接地线或接地干线应与之电气贯通。

（3）区间内引入和引出的接地干线应严格按照设计要求的规格型号、数量和部位敷设，并通过局部等电位箱、接地钢板或环形接地干线进行联结。

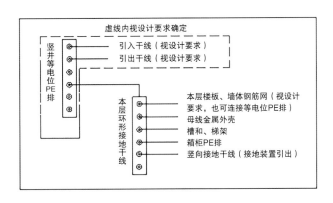

图 6.3.2-1 电气竖井接地示意图

图 6.3.2-2 竖井内配电箱接地　　　　　　　　图 6.3.2-3 竖井内母线金属外壳接地

6.3.3 防火封堵及止水台

（1）强弱电竖井及配电间内穿越楼板、墙体的电管、母线、槽盒及槽盒内外侧空隙处均应进行防火封堵。

（2）穿越楼板的较大孔洞处，底部应采用防火板承托，并依次使用防火包、防火泥将缝隙填塞密实，顶部表面应平整。

（3）穿越防火分区墙体的孔洞，内部应先填塞防火包，然后使用防火泥填塞缝隙并抹平，最后在两侧安装防火板。

（4）母线、槽盒、梯架及托盘的预留洞口四周均宜留有 50 ～ 80mm 的余量。

（5）楼板洞口应设置止水台，止水台高度应高于地面完成面 80mm，与母线、槽盒及梯架的间距以 50 ～ 80mm 为宜，且保证棱角完整。

图 6.3.3-1 槽盒穿楼板处的防火封堵　　　　图 6.3.3-2 槽盒穿墙体洞口的防火封堵

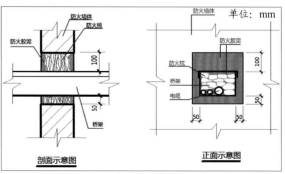

图 6.3.3-3 止水台　　　　　　　　　　图 6.3.3-4 金属槽盒穿越防火墙做法

（6）槽盒盖板安装时，应距止水台上口 30 ～ 50cm 的位置预留检修口，方便检查和维修，防止打开时破坏防火封堵。

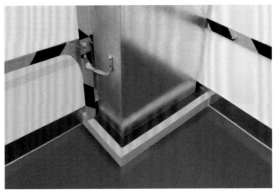

图 6.3.3-5　竖向金属槽盒检修口预留位置、止水台及防火封堵

6.3.4 垂直母线槽安装

（1）垂直母线槽安装时，每层不得少于一个支架，支架固定位置不应设置在母线槽的连接处或分单元处；母线槽段与段的连接口不应设置在穿楼板处。

（2）母线槽垂直安装时，每层楼板处应设置弹簧支撑支架，弹簧支架应安装在槽钢底座上，槽钢底座与底板固定牢固，底座与母线外壳需留有活动间隙。

（3）弹簧支架需裸露于外面，禁止埋于防火泥内。

（4）母线安装完后弹簧应处于正常压缩状态，弹簧的上螺帽应处于松开状态，保持支架两侧弹簧的松紧度一致。

（5）竖井内垂直母线槽安装完成 4 ～ 5 层后，由上向下逐层松开螺母，使母线槽重量自然承载于支架弹簧上；

（6）母线槽直线长度超过 80m 时，每 50 ～ 60m 设置伸缩节。

（7）母线槽穿楼板安装孔洞四周应设置止水台，并应采取防火封堵措施。

图 6.3.4-1　弹簧支架安装

6.4 通用功能机房

6.4.1 设备配电管路及电气接地

6.4.1.1 设备电源沿槽盒向下敷设

（1）设备电源全部利用槽盒敷设时，引至设备的竖向槽盒宜采用规格型号大于50mm×5mm 的热镀锌角钢或 [63 以上的槽钢做支架。

（2）竖向槽盒最下端宜高于设备接线盒 150mm。

（3）金属软管应采用防水型软管，两端使用专用接头进行连接，软管长度不应超过 0.8m 且应形成滴水弯。

（4）槽盒末端与设备接线盒内 "PE 端子" 应采用不小于 6mm² 的黄绿双色软铜线进行可靠连接（当采用热镀锌钢管由顶部引下时，钢管末端与设备接线盒内的接地点也应使用该连接方式）。

（5）设备基础部位应留设 40mm×4mm 的接地镀锌扁钢，扁钢预留高度距基础完成面或小墩台面 10 ～ 15cm，利用不小于 6mm² 的黄绿双色软铜线将设备金属支座及设备金属外壳（当支座与设备间有绝缘减震片时）分别与接地扁钢进行连接，不得串联。接地线应与专用接地螺栓连接，不得连接在设备的固定螺栓上。

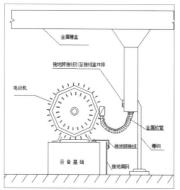

图 6.4.1-1 机房内设备上进线配电管路安装及接地做法

图 6.4.1-2 机房内电机设备电源末端接地做法

（6）留设的接地镀锌扁钢上若有多个接地点时，可在接地扁钢上开多孔，一个螺栓孔宜安装一根接地线。

6.4.1.2 设备电源采用钢管由地面引出敷设

（1）当设备电源采用钢管由地面引至设备时，电源管与设备电源盒的高低差宜为100～200mm。

（2）接地扁钢应与钢管并列设置，两者间距宜为15cm且与设备平行，利用6mm²的黄绿双色软铜线将钢管、设备金属支座及设备金属外壳（当支座与设备间有绝缘减震片时）分别与接地扁钢进行连接，不得串联。接地线应与专用接地螺栓连接，不得连接在设备的固定螺栓上。

（3）金属软管应采用防水型软管，与钢管连接处应采用防水弯头，金属软管两端利用专用接头进行连接，软管长度不应超过0.8m且应形成滴水弯。

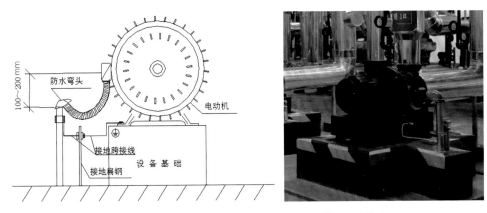

图 6.4.1-3　机房内设备下进线配电管路安装及接地做法

6.4.1.3 成排设备电源敷设

成排设备电源管、金属槽盒敷设时应排列整齐，电机接线盒、金属软管、接地线方向一致。

图 6.4.1-4　成排设备电源敷设

图 6.4.1-5　成排设备接地线

6.4.2 涉水房间

6.4.2.1 配电箱柜安装

（1）落地式配电箱柜底部应设置高度不低于 20cm 的混凝土基础。

（2）配电箱柜的正上方不得有水暖管道，箱柜危险范围内不得有管道阀门或中间接头。

图 6.4.2-1　落地式配电柜混凝土基础

图 6.4.2-2　配电箱柜上方不得有管道阀门或中间接头

6.4.2.2 开关、插座安装

涉水房间的开关、插座需加防水、防溅接线盒。

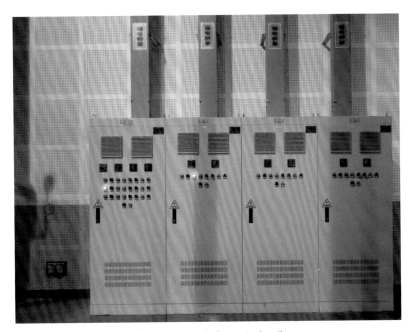

图 6.4.2-3　涉水房间内插座安装

6.4.3 有吸音板房间的配电箱柜、槽盒安装

（1）吸音板墙面设备安装应使用支架固定，不应直接挂墙安装。

（2）吸音板墙面设备安装支架制作时应将设备固定螺栓与其支架焊接在一起。

（3）吸音板墙面设备安装支架应在吸音板安装之前完成，且应确保支架能突出墙面10～20mm，使设备或槽盒完全明露于吸音板外。

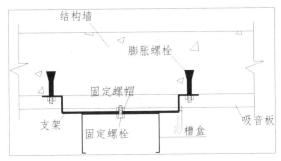

图 6.4.3-1　吸音板房间内配电箱柜、槽盒安装

6.4.4 吸音板墙面开关、插座安装

（1）吸音墙面开关、插座底盒要与墙面固定牢固，并与吸音板面齐平。

（2）吸音墙面材质较软时，应在开关、插座面板之间增加一个过渡板，过渡板的长宽应分别比面板大 1～2cm，面板安装于过渡板的中间位置，确保与过渡板周边距离一致。

（3）并列多个开关安装高度一致，同一场所开关控制有序不错位、固定牢固，与墙面无缝隙。

图 6.4.4-1　吸音板墙面开关、插座安装

6.5 数据信息机房

6.5.1 线缆敷设

（1）确定好配线架位置，对所有进出线进行策划排布。

（2）进出线排列整齐，拐弯弧度一致。

（3）绑扎点位置一致，整齐美观。

图 6.5.1-1　线缆沿配线架敷设　　　　　　图 6.5.1-2　可视化线缆窗口

6.5.2 控制箱柜、屏、台安装

（1）功能机房内的控制箱柜、屏、台要固定在专用支座上，专用支座需直接安装在混凝土地面上，不得安装在静电地板上。

（2）控制箱柜、屏、台安装要成排成列，内部配线应整齐有序。

（3）控制箱柜、屏、台内要安装"PE排"，内部所有"PE线"应经"PE排"汇出，金属框架、箱门利用 4mm² 的黄绿双色软铜线与"PE排"连接，且"PE排"应与区间局部等电位箱联结排相连接，联结线规格型号根据设计要求确定，最大不宜超过 25mm²。

图 6.5.2-1　控制箱柜固定安装在专用支座上　　　图 6.5.2-2　柜内配线

6.6 变配电室、柴油发电机房

6.6.1 金属门、框架、挡鼠板等电位联结

（1）配电室金属门、框架、挡鼠板等金属构件应做等电位联结，可使用 6mm² 黄绿双色软铜线就近与配电室环形接地干线连接。

（2）与门跨接处的连接线应留有余量，确保门正常开启。

图 6.6.1-1　金属门、框架、挡鼠板接地

6.6.2 照明灯具安装

（1）变配电室内高低压配电设备、裸母线正上方不应安装灯具。

（2）变配电室内的灯具不应采用吊链和软线吊装。

图 6.6.2-1　照明灯具安装（不应安装在设备的正上方）

6.6.3 沟内电缆敷设

（1）沟内电缆敷设应提前策划排布，敷设应排列整齐、顺直、无交叉，电缆拐弯半径满足规范要求。

（2）电缆与支架绑扎牢固。

（3）电缆穿墙处防火封堵严密。

（4）电缆标识齐全，排列有序。

（5）沟内电缆支架固定牢固，接地可靠。

图 6.6.3-1　可视化电缆沟　　　　图 6.6.3-2　沟内电缆排列整齐　　　　图 6.6.3-3　沟内电缆穿墙处防火封堵严密

6.6.4 变配电室内检修通道及警戒标识

变配电室内高低压配电柜应留有人员检修通道，地面铺设防滑、绝缘垫，周边设置醒目的警戒标识。

图 6.6.4-1　检修通道及警戒标识

6.6.5 柴油发电机房

（1）母线与配电柜上方连接处应采取软连接或采取防剧烈震动措施，不应使母线受力。

（2）柴油发电机的中性点接地连接方式及接地电阻应符合设计要求，接地螺栓防松零件齐全，且应有标识。

（3）柴油发电机本体和机械部分的外露可导电部分应分别与保护导体可靠连接，并应有标识。

（4）输油管路应做防静电接地，并应有标识。

（5）柴油发电机房门槛处应设置挡水台，储油间门槛处应设置挡油台，高度不宜低于200mm。

（6）等电位端子箱、接地干线、临时接地点等同变配电室做法。

图 6.6.5-1　母线与配电柜连接（连接处应采取避免剧烈震动措施）

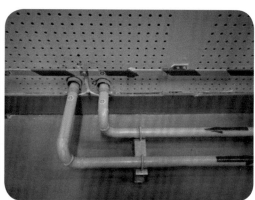

图 6.6.5-2　中性点接地　　图 6.6.5-3　外露金属导体接地　　图 6.6.5-4　输油管路防静电接地

6.7 候车厅、售票厅

（1）公共区域墙壁不得安装照明开关，宜设置在相应的配电间、服务间，温控开关应设置在隐蔽部位。

（2）公共候车区域动力和照明电源控制应集中设置在隐蔽处，宜设置在相应的配电间、服务间内。

（3）吊顶内灯具的安装应自成系统，不得利用吊顶悬吊系统，选用的灯具表面应有防坠落措施。

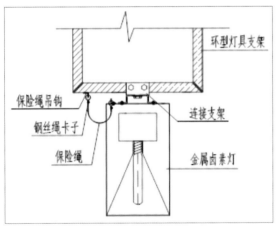

图 6.7-1　灯具防坠落措施结构示意图

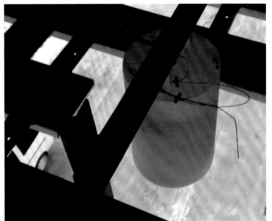

图 6.7-2　灯具防坠落措施实拍图

（4）吊顶范围内的各种末端设备不得与吊顶共用吊挂系统。末端设备安装在轻钢龙骨石膏板吊顶范围时，重量不小于 3kg 的灯具、空调等有震颤的设施，应直接吊挂在建筑承重结构上；重量小于 3kg 的灯具等设施，应安装在次龙骨上；重量不大于 1kg 的灯具，可直接安装在吊顶饰面板上。凡将设施安装在吊顶上的措施，应通过结构验算保证其安全性。

（5）探测器、喷淋头及灯具等应统一策划排布，整体安装美观、协调。

（6）母婴室内照明设施应选用光线柔和的灯具，不得使用射灯、镭射灯等非漫反射光源。

图 6.7-3　候车大厅吊顶综合排布

图 6.7-4　售票大厅吊顶综合排布

（7）候车厅内旅服设施的设置需与站内其他构筑设施相结合，标识系统的显示屏（动态）和导向牌（静态）应根据站房空间的特点来合理确定其尺寸大小进行整体设计，不能影响站房空间的整体效果，不能有明线裸露的情况发生。候车大厅、进站通道上不允许设置影响旅客通行、阻隔旅客视线的立地式标识牌。

图 6.7-5　候车大厅标识显示屏位置设置

（8）静态标识：需按照《中国铁路总公司关于印发〈铁路客运车站标识系统暂行技术条件〉的通知》（铁总运〔2017〕7号）进行深化设计。

（9）动态标识：进站大厅主入口处的显示屏尺寸，可根据站房具体空间特点合理确定其尺寸大小和设置高度，方便旅客阅读。

（10）扩音器和对讲机的音频、电源线应隐蔽设置，避免管线外露。

（11）扬声器安装于实体墙时，其中心线应与石材幕墙、铝板分隔对齐。

（12）摄像头宜隐蔽安装，且室内不宜使用长杆吊装。摄像头安装于实体墙时，其支座中心线应与石材幕墙、铝板分隔对齐。支座固定螺杆端头需加圆头帽。

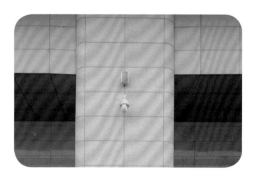

图 6.7-6　摄像头、扬声器支座中心线与石材分隔对齐

图 6.7-7　摄像机固定螺丝加圆头帽

6.8 贵宾厅

（1）装修标准较高的贵宾室，应以贵宾室天花板中的主灯为中心，探测器、喷淋头、灯具等应均匀布置，规律排布。

（2）各种开关、控制箱等设施应集中设置在服务间，不得设于贵宾厅内。

（3）吊顶照明要明亮，不应出现阴影区，同时避免出现炫光。

（4）空调送、回风口须隐蔽，噪声小，且风口不得直接对贵宾位送风。

（5）地毯的耐火等级必须符合设计要求和国家现行地毯产品标准的规定。

（6）易燃饰面上的开关插座应安装防火石棉垫圈。

图 6.8-1　贵宾厅花灯安装

图 6.8-2　贵宾厅顶端器具排布

6.9 卫生间、饮水间及水暖管井

6.9.1 一般要求

（1）公共卫生间内不应明设插座及其他各类电源控制箱。

（2）卫生间小便斗感应器接线盒应居中设置，与砖缝对齐。卫生间吊顶内不应有裸露明线。

图 6.9.1-1　卫生间感应器接线盒设置　　　图 6.9.1-2　饮水器安装

（3）第三卫生间内应在距地面 400 ～ 500mm 处设置求助呼叫按钮。

（4）饮水器插座、进出水管宜设置在饮水器后，管线应排列整齐。

6.9.2 卫生间等电位安装

（1）卫生间内的等电位安装应符合设计要求。

（2）卫生间、浴室内的金属给水管、排水管、浴盆、采暖管以及建筑物钢筋网等（可不包括金属地漏、扶手、浴巾架及小型置物架等孤立之物）应与等电位端子板可靠连接，并在等电位箱内做好回路标识。

（3）采用黄绿双色铜芯软线（有机械损伤防护时，截面不应小于 $2.5mm^2$；无机械损伤防护时，截面不应小于 $4mm^2$）由等电位端子箱处敷设至接线盒内，在接线盒盖板的中心处开小孔将导线引出与管道或设备可靠连接。

（4）当卫生间、浴室内设置插座时，等电位端子板应与就近插座"PE 线"相连；无插座时，不应由卫生间或浴室外引入"PE 线"。

图 6.9.2-1 卫生间等电位安装

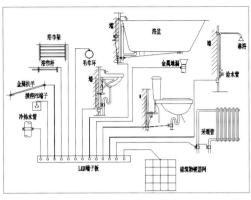

图 6.9.2-2 卫生间、浴室等电位连接示意图

6.9.3 第三卫生间

（1）需安装紧急救助按钮，方便残疾人使用。救助信号需有效到达有人值守的值班室。

（2）需安装局部等电位端子箱时应提前策划，与土建专业人员密切配合，预埋好管路，将金属扶手等金属导体与局部等电位端子箱可靠连接。

6.9.4 水暖管井等电位安装

图 6.9.3-1 金属扶手等电位连接示意图（管线应暗埋敷设）

（1）水暖管井内竖直敷设的金属管道，其顶端和底端应分别与防雷接地系统可靠连接。

（2）金属管道与管井内的接地干线应采用 6mm² 的黄绿双色软铜线连接，接地线与有漆面的管道连接时，需清除接触面的绝缘层，并选择管径一致的抱箍进行卡固连接。

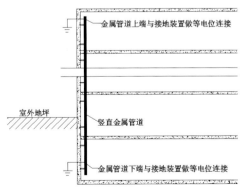

图 6.9.4-1 竖直金属管道防雷等电位连接

6.10 室外电气

6.10.1 灯具防护与接地（路灯、庭院灯、地埋灯、卤素灯安装）

（1）在人行道等人员来往密集场所安装的灯具，当无围栏防护时，灯具底部距地面高度应大于 2.5m；当灯具安装高度小于 2.5m 时，应设置围栏防护或其他防靠近措施。

（2）室外灯具的金属构架及金属保护管应分别与保护导体进行焊接或螺栓连接，连接处应设置接地标识。金属灯柱、灯架、灯箱或金属支座应设置专用的接地螺栓，设计无特殊要求时应从供电系统引来"PE 线"与之可靠连接，连接处设置标识。

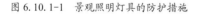

图 6.10.1-1 景观照明灯具的防护措施　　　　图 6.10.1-2 室外景观照明灯具接地

6.10.2 接地测试点

（1）接地测试端子箱数量、位置及高度应符合设计要求。

（2）当设计方、甲方对端子箱材质、规格尺寸无要求时，统一采用不锈钢材质制作。箱体尺寸为 250mm×180mm×160mm，δ=1.5mm，箱门处上、下、左、右各翻边 25mm。箱门左上方为股份公司标识，尺寸为 40mm×40mm；右上方为端子箱编号，字体采用黑体、字体颜色为黑色、字号为 24 磅；右下方为接地标识，尺寸为 40mm×40mm；中间为"接地测试点"字样，字体采用黑体、字体颜色为黑色、字号为 72 磅。

（3）箱体与外墙装饰材料间可采用与外墙装饰同色密封胶填充。

（4）箱内扁钢应安装顺直，扁钢侧楞正对外侧，安装直径 10mm 的蝶形螺栓，平垫、弹垫齐全。

图 6.10.2-1 接地测试端子箱安装

6.11 站台、雨棚

（1）站台上各类管线应统筹规划，检查井应避免设在主要通道部位，且均匀布设。

（2）站台摄像头宜结合动、静态屏吊杆安装。

图 6.11-1 站台摄像头安装

（3）站台雨棚照明、信息客服系统等管线采用吊顶内暗敷设，配管宜喷涂处理且灯具排列整齐。

图 6.11-2　站台雨棚灯具安装排列整齐图　　　　图 6.11-3　站台雨棚多种器具中心线一致

（4）雨棚上的广播设备、灯具色彩应与雨棚屋面相协调，提前进行整体设计。

（5）雨棚吊顶内灯具安装应自成系统，不得借用其他吊挂设备固定，选用灯具表面应有防坠落装置。

（6）雨棚上安装的动、静态标识屏等设备应有专项安装方案，且不得互相借用吊杆及支架。必须满足防振、防风、防变形的要求。

图 6.11-4　站台标识屏安装

（7）当站台上有消火栓时，宜按地下式进行设置，且盖板应与站台铺面协调一致。

6.12 天桥、旅客地道

（1）天桥主桥身设有吊顶时，管线应暗敷设于吊顶内，并尽量贴近两侧栏板；无吊顶时，应注意明敷管线的美观。

（2）旅客地道墙面不宜设置配电箱、配电柜。

（3）旅客地道照明宜采用天棚两侧设灯槽光带方式。灯槽光带应贯通，与人流方向平行，并保证地道内亮度，避免灯带暗点。

（4）旅客地道较宽时，可在地道顶棚两侧设光带，中间安装吸顶灯，同时可借用广告灯箱形成景观照明。

（5）广告灯箱安装时与墙面平齐，不宜突出墙面20mm 以上，且接线不得外露。

图 6.12-1　出站通道广告灯箱安装

（6）天桥、旅客地道动、静态标识屏应垂直于人流行进方向安装。

图 6.12-2　出站通道内标识屏与人流方向垂直安装

第 7 章

设备安装工程

Shebei Anzhuang Gongcheng

7.1 屋面

7.1.1 屋顶风机安装

7.1.1.1 风机减振器安装

（1）与土建专业人员共同进行策划，确定基础的装修做法、施工工序及减振器安装高度。需保证减振器底板及防摩擦垫清晰可见，土建基础面层施工完毕再安装风机减振器。

（2）根据风机的规格型号，按设计要求选择减振器。

（3）底板固定螺栓均加平垫片与弹簧垫片，对外露丝扣进行必要的保护，如加热镀锌螺栓装饰帽或 PVC 套管内加黄油等措施。

图 7.1.1-1 阻尼减振器与混凝土基础表面界面清晰

 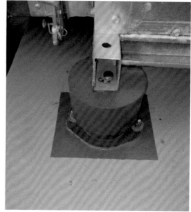

图 7.1.1-2 螺栓加双垫片，栓头用圆头螺帽保护

7.1.1.2 风机连接管安装

（1）排烟风管法兰间用厚 3mm 的石棉板作垫料，石棉板应填充密封严密，填充完成面与法兰边平齐。

（2）风管螺栓顺出风方向穿接，栓头露出 0.5 倍螺栓直径、符合规范要求且间距均匀统一。螺栓两侧加垫片，外露丝扣部位均加镀锌螺帽，法兰螺栓孔间距统一为 120mm。

（3）软管安装松紧适度，柔性短管的有效长度为 15～30cm，软管两侧法兰螺栓孔需一一对应，不应扭曲。防排烟风管柔性软管应使用不燃材料制成。

（4）末端圆形风管弯管角度宜为 30°，且风管节数不少于 3 节。折角平整，无明显凹凸，防护网采用孔径为 10mm×10mm 的镀锌钢丝网与风管法兰连接。

（5）金属风管与土建风道连接处土建专业应做内衬，保证穿墙风管平整规则，再采用铝板等装饰材料密封或黑色密封胶密封，胶面平整、光滑，宽度一致，一般为 2cm 左右。

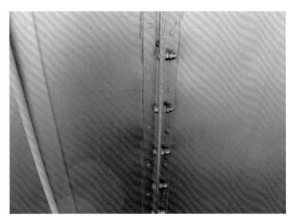 

图 7.1.1-3　螺栓孔等距，外露丝扣处加镀锌螺帽法兰垫料密实平整　图 7.1.1-4　风管穿马头墙细部融入地域特色（体现徽派建筑风格）

图 7.1.1-5　软管安装（松紧适度，柔性软管为不燃材料制成，风管末端弯管曲面弧度一致）

7.1.1.3 外露防火阀安装

（1）支架采用落地式独立支架。

（2）防火阀执行机构可增加防雨罩。防雨罩应安装牢固，表面向外侧下方倾斜并保持坡度一致，利于防雨。

（3）屋面防火阀开孔间距统一居中。保证防火阀与支架固定牢固，并在防火阀上顶边角处开孔，便于雨水排放。

图 7.1.1-6　防火阀安装（固定牢固、支架排列整齐）　图 7.1.1-7　防雨设施

图 7.1.1-8　外露电动执行机构防雨罩安装　图 7.1.1-9　外露防火阀上顶开雨水孔

7.1.1.4 风机及连接管防腐和标识

（1）用面漆颜色区分排烟风机与普通风机，且选择比较醒目的颜色作为排烟风机的面漆和标识。

（2）用面漆颜色区分风机与风管，做到风机与风管连接处界面清晰，无交叉污染。风管面漆与支架面漆颜色应有反差，可提高观感效果。

（3）面漆涂刷采用喷涂处理，可以保证面漆的色泽均匀、光泽度和平整度，喷涂时对风机铭牌和风机与风管交界处应进行保护，防止喷涂污染。

（4）风机、风管标识应作永久性标识，标明系统名称和气流方向，风机还应标明在图中对应的设备编号便于后期检修，标识可融入工程当地的地域特色。

图 7.1.1-10　风机及连接管防腐和标识

图 7.1.1-11　风机标识（体现地域特色，融入徽派建筑风格）

7.1.2 屋面管道安装

7.1.2.1 屋面管道金属保护壳安装

（1）金属保护壳安装要顺直，接缝处拼接严密，压接处无缝隙、褶皱现象。

（2）金属保护壳水平接缝均设置在管道内侧斜向 45°方向，且在同一条直线上。接口的搭接均顺水流方向。

（3）铆钉固定时，铆钉间距均为 10cm。

（4）异型构件处须使用保温材料填充至规则形状后再进行保护壳的下料、加工。

（5）弯头、三通、变径、阀门等管件，配件连接处下料准确，不能任意裁剪，确保金属保护壳安装美观。

（6）保护壳安装应为最后一道工序，应等所有工序完成后安装，并防止被踩踏破坏、污染。

图 7.1.2-1　金属保护壳（安装顺直，拼接严密）　　　　图 7.1.2-2　交接处圆弧切口平齐

7.1.2.2 屋面管道防腐

（1）对不规则焊缝处进行处理。

（2）管道刷漆前应进行除锈，并除掉管道表面的浮锈和浮尘，且须露出原金属颜色。

（3）配漆搅拌均匀后试刷，以不流淌、不出刷纹为准。

（4）刷漆时须刷两遍底漆后再刷两遍面漆。

（5）涂刷时采用规格与管道匹配的毛刷，确保面漆涂刷均匀、平滑、有光泽，无流坠、漏涂、气泡、凹凸不平整等现象。

（6）对于焊缝表面凹凸不平处，应使用与涂料颜色配套的腻子抹平或圆滑过渡，再用砂纸打磨腻子表面，以保证涂层质量。

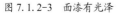

图 7.1.2-3　面漆有光泽　　　　　　　　　　图 7.1.2-4　焊缝处过渡平滑

7.1.2.3 空调室外机铜管安装

（1）多台机组的铜管、控制线并列排放在一道电缆桥架内，桥架宽度和管道宽度相对应。

（2）桥架高度与机组的接管位置高度一致。

（3）垂直连接的桥架宽度应大于管道的转弯半径。

（4）管道每隔 2m 在桥架内用"U"形扁铁固定一次。

图 7.1.2-5　在桥架内敷设铜管　　　　图 7.1.2-6　管道标识清晰

7.1.3 屋面雨水斗安装

7.1.3.1 雨水簸箕安装

（1）提前进行策划，确定外墙装饰层厚度，提前固定好支架，保持管道与外墙装饰面为同等间距，防止管道安装完成后管道被二次污染。

（2）雨水管安装前，应对工人进行技术交底。要求出水口方向一致，出水口中心安装高度距地 150mm。

（3）雨水簸箕固定牢固。

图 7.1.3-1　雨水管出水口高度符合要求　　　图 7.1.3-2　雨水簸箕固定牢固

7.1.3.2 重力流系统雨水斗安装

（1）根据屋面创优思路对屋面雨水口位置进行合理排布及定位，确保雨水口位置适当，便于排水。

（2）雨水口施工过程中严格控制完成面标高及排水坡度，雨水口半径500mm范围内找坡半径不小于5%，确保雨水口及四周排水畅通及坡度合理。

（3）对雨水口面层进行分格及分缝处理，要求分格均匀、缝宽一致，确保整体美观。

（4）雨水口处增加滤网，防止屋面杂物冲进管道内导致管道堵塞。

图 7.1.3-3　雨水口位置适中

7.1.3.3 虹吸雨水斗安装

（1）天沟内设下沉井，其尺寸为800mm×800mm×100mm，虹吸雨水斗安装在下沉井中心处，保证初期雨水更快形成虹吸。

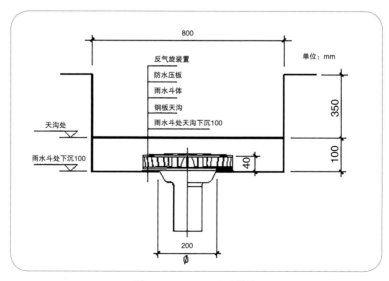

图 7.1.3-4　下沉井设计图

（2）提前进行天沟下沉井排布策划，对屋面厂家进行交底，确定下沉井的位置及尺寸，天沟开孔处需平整。

（3）不锈钢天沟应连通，虹吸雨水斗处长度 800mm 的天沟应水平无坡度，其余各处天沟设坡度 3‰ 的坡向下沉井，虹吸雨水斗的间距不超过 20m。

（4）安装虹吸雨水斗时对工人进行技术交底，保证同一系统悬吊管上的雨水斗应在同一水平面，确保雨水斗在相同水位进水，使虹吸系统不进气，呈满管流状态。

（5）对现场工人进行焊接交底，提高氩弧焊接质量，保证虹吸雨水斗与下沉井无渗漏。

 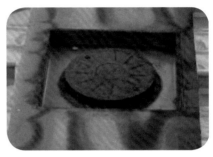

图 7.1.3-5　天沟内设下沉井　　图 7.1.3-6　虹吸雨水斗与下沉井结合处（严密、不渗漏）

7.1.4 冷却塔安装

7.1.4.1 冷却塔出水管、阀门排布及安装

（1）因屋面管道及设备较多，安装前先进行管道及设备排布。要求竖向管道排布在一条直线上，水平管道及同功能阀门标高一致，且管道之间及管道与设备之间预留检修通道。

（2）安装前应要求工人先进行放线，确保阀门、压力表排列整齐，安装高度及朝向一致，做到成排成线。

（3）阀门及压力表安装高度及朝向应便于操作及检修。

（4）阀门螺栓外露丝扣为螺栓直径的 1/2，外露丝扣部位加塑料螺帽，防止螺栓锈蚀。

（5）将法兰及阀门重新喷涂一遍面漆，以提高观感效果。

图 7.1.4-1　管道及阀门（排列整齐，成排成线）　图 7.1.4-2　螺栓外露丝扣加塑料螺帽

7.1.4.2 管道支架安装

（1）支架安装前应先进行放线，确保支架安装在同一条直线上。

（2）距地面标高较高的横管固定时，可根据管道规格的大小采用DN100的焊接钢管作为支架支撑。

（3）管卡与支架间用螺栓固定时，螺栓外露丝扣均为螺栓直径的1/2，丝扣外加塑料螺帽，避免螺栓锈蚀。

（4）管道支架面漆颜色应采用跟管道颜色反差较大的颜色，以提高观感效果。

图 7.1.4-3　外露丝扣加防锈保护　　　　图 7.1.4-4　落地支架（排列整齐、稳固）

7.1.4.3 冷却塔减振

（1）减振垫安装时需与型钢基础结合紧密，避免减振垫受力不均而降低减振效果。若出现减振器尺寸过大的问题时，可采用加大槽钢接触面的方式来解决。

（2）减振垫固定夹板紧固螺栓外露丝扣均为螺栓直径的1/2，外露部位加塑料螺帽保护防止锈蚀。

（3）减振器应分布均匀，排列整齐。

图 7.1.4-5　减振垫（排布整齐）　　　　图 7.1.4-6　外露丝扣加 PVC 管和黄油

7.2 室内功能区

7.2.1 精装区域吊顶

吊顶区域内空调末端设备、灯具、喷头等的排布应注意以下几点。

（1）精装修图纸深化设计过程中，机电专业工程师应全程参与。深化后的图纸由各专业设计工程师签字确认。

（2）吊顶内末端设备应排布整齐、成排成线，并与吊顶结合紧密。

（3）末端设备排布过程中重点排布喷头与喷头、喷头与灯具、喷头与风口间的距离应满足以下要求：喷头与喷头间距不得大于 3.6m，喷头与灯具间距不得小于 0.3m，喷头距墙的距离不得大于 1.8m，喷头距出风口的距离不得小于 0.8m。同时应考虑检修口的开孔位置及尺寸。

（4）安装时应注意施工工序，防止工序倒置，造成交叉污染。

图 7.2.1-1 格栅吊顶末端设备排布   图 7.2.1-2 木饰面吊顶末端设备排布

7.2.2 卫生间

7.2.2.1 卫生洁具排布与安装

（1）坐便器、小便斗等同类卫生洁具安装要做到成排、成线，并与石材墙面对称、居中。卫生器具对砖、对缝。

（2）整体策划应在进行二次结构墙体施工前完成，上下水管线及预留位置合理。

（3）卫生器具应固定牢固，胶缝饱满细腻。

（4）台下盆加 30mm×30mm×4mm 角钢支架，两端分别焊接在台面龙骨上。支架与台盆之间应增加橡胶垫，橡胶垫应平整并与洗手盆结合紧密。支架做好防腐处理，并刷底漆及面漆。

图 7.2.2-1　小便斗排列整齐　　　　图 7.2.2-2　洗手盆成排成线　　　　图 7.2.2-3　蹲便器对砖对缝

  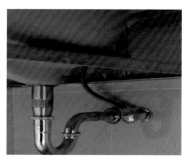

图 7.2.2-4　坐便器对砖对缝　　　　图 7.2.2-5　台盆支架牢固可靠　　　图 7.2.2-6　台盆与支架之间增加橡胶隔垫

7.2.2.2 台盆上水管穿装饰面做法

（1）装饰面上开孔尺寸不宜过大，比管径略大 2～3mm 即可。

（2）开孔时不能随意，应先定位再开孔。开孔时应使用开孔器，不能随意切割。

（3）管道安装完成后加镀铬装饰盖进行封堵，金属软管用塑料管卡固定于装饰面上。

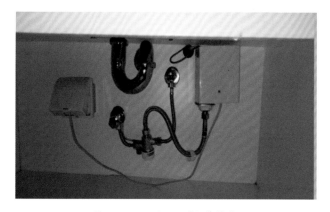

图 7.2.2-7　开孔位置加装饰盖

7.2.2.3 台盆下水管与预留管间的封堵

（1）卫生间施工前，根据精装排砖图进行洗手盆的定位，确定上下水管排布及预留管高度。

（2）台盆存水弯高度、朝向一致。给水角阀朝向一致，感应器安装高度及位置一致。

（3）给水软管不得扭曲。存水弯与排水管之间用油麻和密封膏塞实后并加不锈钢装饰盘进行保护，装饰盘应与墙面接触严密。

（4）瓷砖安装时，与精装单位确定给排水甩口与装饰盖尺寸，装饰盘须全部遮挡开孔部分。

图 7.2.2-8　台盆上下水管间距一致

图 7.2.2-9　存水弯与下水管封堵密实

7.2.2.4 地漏的排布及安装

（1）地漏位置设置合理并保证排水通畅，尽量选取隐蔽位置，同时不影响人的行走、站立和卫生间的整体美观。

（2）地漏套割于地砖中心，四周地砖应 45° 割角拼缝、拼缝严密。

（3）地面坡度坡向地漏，地漏水封高度不小于 50mm。

（4）地漏篦子与装修风格相匹配，与周边接触严密，平整美观。

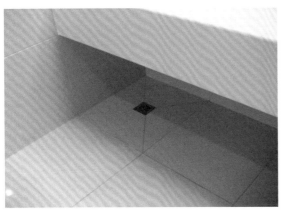

图 7.2.2-10　地漏位置设置合理

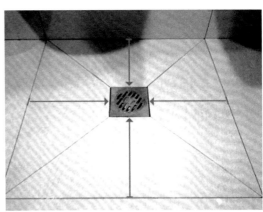

图 7.2.2-11　地漏套割于地砖中心

7.2.3 管道井

7.2.3.1 管井管道排布

（1）结构预留期间，成排管道预留为通长洞口，或与土建专业人员协商管井底板后浇。

（2）管道安装前先进行管井内管道排布，排布时应考虑保温管道与非保温管道的间距及保温层厚度，确保保温管道在进行保温施工时有操作空间及满足距墙最小间距的要求。

（3）管道安装前先定位放线，保证管道安装后成排成线，立管安装时用线坠检查垂直度，偏差必须满足规范要求。

（4）管井内各专业管道较多，可综合考虑是否共用支架。

图 7.2.3-1　管井内管道排列整齐　　　图 7.2.3-2　预留空间便于检修

7.2.3.2 套管安装

（1）将管道调整至套管居中位置再进行封堵，且成排套管的安装高度需一致。

（2）封堵时采用柔性防火填料，封堵过程中四周对称封堵，防止管道移位。

（3）填料需填密实，不能有空鼓现象，柔性填料填充后用防水油膏抹面，抹面平整光滑。

（4）套管环缝均匀，封堵密实，表面平整，无凹陷，高度合规，装饰美观。

（5）在封堵面上涂刷与套管颜色一致的面漆，以提高观感效果。

图 7.2.3-3　套管填料表面平整光滑，封堵严密

7.2.3.3 管道穿墙及顶板的处理

（1）提前进行策划，应充分考虑墙面抹灰层厚度和楼板地面做法，保证管道穿墙、板处套管应与所穿管道居中固定。

（2）穿墙套管应与墙面抹灰层相平，穿板套管应高出地面一定高度，管道与墙、板之间界面清晰，整体美观。

（3）对套管进行修补或装饰，保温管道须用与保温材料相同材质进行处理，不保温管道采用成品塑料环进行装饰。

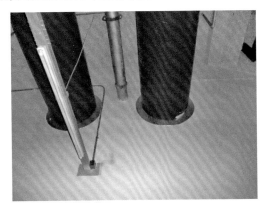

图 7.2.3-4　管道与墙、板之间界面清晰

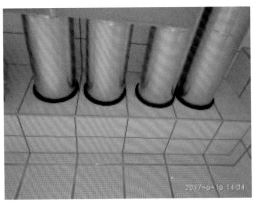

图 7.2.3-5　穿墙管道根部增加装饰环

7.2.3.4 不锈钢管、铜管与碳钢支架间的细部做法

（1）根据不锈钢管道特性，应对不锈钢管道与碳钢支架间进行隔离。在管道抱箍上安装一根直径比抱箍大一号的塑料透明管，支架上用橡胶板固定并进行隔离。

（2）每个抱箍穿塑料透明管的外漏长度一致，支架上的橡胶板尺寸统一、固定牢固。

图 7.2.3-6　抱箍穿塑料透明管

7.2.4 空调机房

7.2.4.1 空调机房整体排布

（1）安装前先对管道及机房设备进行综合排布。

（2）排布时在保证检修空间的前提下，尽量让设备靠墙布置，并预留检修空间。

（3）管道及设备排布时应考虑吸音墙面的做法及厚度。

（4）管道排布时应考虑管道保温层的厚度。

（5）同型号设备布置成排成线，成排管道、阀门、压力表等部件安装时应成排成线。

（6）空调机组基础高度应考虑冷凝水下返弯高度及冷凝水管道安装坡度，四周刷黄黑警示带。

（7）地漏应设置在靠近冷凝水管处。

图 7.2.4-1　设备排布沿墙布置

图 7.2.4-2　风管、水管管道及支架排列整齐合理

图 7.2.4-3　并排机组排列整齐　　　图 7.2.4-4　基础高度合理　　　图 7.2.4-5　基础四周刷黄黑警示带

7.2.4.2 风管保温细部做法

（1）离心玻璃棉必须确保保温钉布置均匀，且满足底面每平方米不少于 16 个，侧面不少于 10 个，上部不少于 8 个。

（2）在离心玻璃棉外包裹厚 10mm 橡塑保温板，四角加铁皮包角。

（3）在玻璃丝布施工完成后，确保防火涂料涂刷均匀。

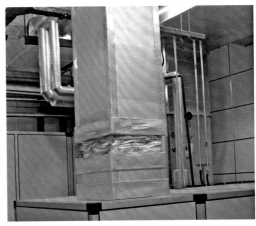

图 7.2.4-6　橡塑保温板施工工艺（棱角分明，无褶皱、无气泡 ）　图 7.2.4-7　风管离心玻璃棉保温施工工艺(平整，粘贴牢固)

7.2.4.3 水管保温细部做法

（1）工序不能倒置，管道保温需在墙面、顶板、地面涂刷作业完成后进行，否则易出现交叉污染和成品破坏等现象。

（2）保温前需把管道上的浮尘用抹布擦去。

（3）用保温板保温时需将专用胶涂抹均匀，防止保温棉松动或脱落。

（4）管道橡塑板保温板平整、顺直，无空鼓、松动等现象。

（5）管道法兰、阀门等处保温单独施工，保温层厚度与管道一致。

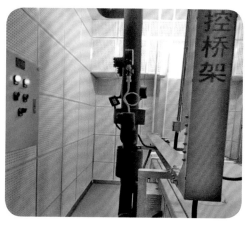
图 7.2.4-8 管道橡塑保温板平整、顺直

图 7.2.4-9 法兰连接处保温单独施工

7.2.4.4 空调机房压力表安装

（1）仪表安装高度一致，安装位置合理，便于读数和操作。

（2）压力表应完好无损，最大量程为工作压力的 2 ～ 2.5 倍。

（3）压力表不得安装在减振区域内。

（4）压力表的缓冲表弯及旋塞阀要配置齐全，表弯上面设旋塞阀，下面设截止阀。

图 7.2.4-10 仪表安装（高度一致，位置合理）

7.2.4.5 风管穿墙细部做法

（1）提前做好管道的综合排布，考虑墙体保温厚度并确定管道进入墙体的位置，做好风管穿墙预留预埋工作。

（2）管道穿套管要居中，管道安装完成后用防火泥将管道与套管之间封闭。

（3）用不燃材料（防火板）进行封闭。

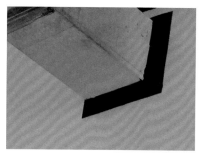
图 7.2.4-11 管道与墙面分界清晰

图 7.2.4-12 管道与墙面防火封堵处理

图 7.2.4-13 穿墙处风管做装饰环

7.3 地下车库

7.3.1 管道综合排布

（1）对管道密集处进行综合排布，排布原则：桥架、风管在上，水管在下。

（2）排布要求：管道分层排布，排列整齐、层次分明，安装顺直，成排管道弯头处弯曲弧度一致且等距。

（3）排布时需考虑管道保温层的厚度。

（4）成排管道安装前先将该部位处的楼板刮白。

（5）安装前在顶板定位放线。

（6）按照制订好的计划合理安排施工顺序，分专业分层进行施工，严格执行中间交、接、检制度。

（7）统一制定管线支吊架安装位置及管道标高，使各系统层次清晰、整体美观、效果好。

图 7.3.1-1　管道排布（整齐，层次分明，色泽鲜亮）

图 7.3.1-2　成排管道使用共用支架　　　图 7.3.1-3　成排管道弯头处（弯曲弧度一致且等距）

7.3.2 成排管道共用支架制作安装

（1）管道密集处进行综合排布，根据管道的排布来确定共用支架的型式，支架型式最终应由设计单位签字确认。

（2）保温管道"U"形卡孔距应考虑保温层厚度。

（3）共用支架制作安装前，应对工人进行交底。要求支架根部采用预制钢板固定，支架竖向与横向采用斜45°双面施焊固定，并将支架进行两遍底漆、两遍面漆刷漆。

（4）角钢立杆底部应做倒圆角。

（5）横担吊杆长度突出螺母1/2吊杆直径。

图 7.3.2-1　共用支架安装（稳固，型式正确，"U"形卡安装美观）

图 7.3.2-2　型钢支架安装（采用45°焊接）

图 7.3.2-3　共用支架制作安装

7.3.3 管道防腐

（1）人工打磨锈蚀部位直至出现金属光泽，刷漆后管道表面应平滑无痕、颜色一致、标识清晰。对管道与阀部件及设备之间等细部做法，要注意成品保护，管道与基础、设备、阀部件等位置应采用美纹纸粘贴后涂刷，减少污染。

（2）对面积较大的风管采用喷涂面漆，喷涂面漆与人工粉刷面漆相比，具有速度快、效果好的特点。

（3）若地下室因空气湿度大，可采用如下方法处理：镀锌风管择喷涂银粉漆，桥架喷灰漆，消防管道喷大红面漆，管道支架可选择银粉或灰漆，有防火要求的喷涂防火漆。

（4）配漆时，将稀释剂和面漆的配比定为 1∶2。

（5）打开通风设施，增加地下室空气流动。

图 7.3.3-1 风管、水管防腐面漆喷涂（均匀、光滑、明亮、有光泽）

7.3.4 穿越人防区域阀门安装

（1）穿越人防区域的阀门均采用公称压力不小于 1.0MPa 的阀门。

（2）阀门距墙的距离不能大于 200mm，阀门与墙体间不能存在可拆卸接口。

（3）成排管道阀门安装时，阀门距墙的距离一致。管道穿过人防区域时，套管与管道之间用油麻填密实，外部用环氧树脂胶封闭。

图 7.3.4-1 阀门安装（≤200mm）

7.4 大型设备机房

7.4.1 制冷机房

7.4.1.1 制冷机房设备排布

（1）根据设计施工图，采用 BIM 技术对设备机房内管道及设备进行三维排布，以达到科学利用空间的目的。

（2）根据设计方提供的设计参数，由厂家提供设备尺寸及设备基础图。

（3）施工前先根据排布好的三维图纸进行定位放线。

（4）设备排布原则：设备尽量靠边布置，有效合理地利用空间。

（5）设备及管道排列整齐、成排成线、布局合理，留有设备及管道检修通道。

图 7.4.1-1　设备及管道（排列整齐、成排成线、布局合理）

7.4.1.2 阀门、仪表安装

（1）采用 BIM 技术对机房设备及管道进行整体排布的同时，将阀门、仪表的位置也在图中标注出来，便于审阅整体效果。

（2）阀门、仪表安装高度一致，成排成线，安装位置合理，便于操作和读表。

（3）压力表应选择带表弯的压力表。

图 7.4.1-2　阀门仪表成排成线　　　　图 7.4.1-3　仪表开孔处加装饰贴

图 7.4.1-4　设备、阀部件和支架等成排成线

7.4.1.3 设备减振安装

（1）不同设备减振器的规格型号与厂家及设计单位共同确认。

（2）设备土建基础面层施工完毕后再进行设备安装，安装前先进行放线定位。大型设备基础需要加预埋件的，应在土建基础施工时配合安装。

（3）需加垫铁调整高度和水平度的减振器，垫铁应叠放整齐、受力均匀。

（4）同类设备的减振器安装成排成线，减振器安装规范，减振器与土建基础边界清晰。

（5）减振器固定螺栓应加双垫片，螺栓外露丝扣部位加 PVC 螺帽保护。

图 7.4.1-5　减振器与土建基础边界清晰　　图 7.4.1-6　减振器安装成排成线　　图 7.4.1-7　地脚螺栓外露部分加圆头螺帽保护

7.4.1.4 管道及设备保护壳安装

（1）金属保护壳水平接缝均设置在管道内侧斜 45°方向，且在同一条直线上。接口的搭接均顺水流方向，搭接尺寸为 20 ～ 25mm。

（2）金属保护壳安装顺直，设备圆弧及管道弯头接缝处拼接严密，压接处无缝隙、褶皱现象。

（3）铆钉固定时铆钉间距均为 10cm。

（4）设备端部圆弧、弯头、三通、变径、阀门等管件及配件连接处下料准确，不能任意裁剪。

图 7.4.1-8　金属保护壳安装（表面平整、光滑，拼接紧密，无缝隙）

7.4.1.5 管道及设备标识

（1）管道标识参照中铁建设集团有限公司标准化指导丛书《设备安装工程细部做法》进行制作。

（2）在进行设备保温和金属保护壳施工前，将设备自带铭牌取下。带保护壳施工完成后，再将铭牌安装在保护壳上便于观察的位置。

（3）标识粘贴前安排工人放线，确保成排管道的标识在同一条直线上。

（4）设备标识与配电柜标识相匹配。

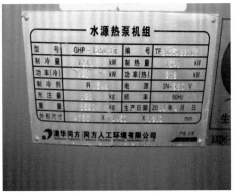

图 7.4.1-9 管道及设备标识（整齐、美观）

7.4.1.6 水泵出口管道支架与软接安装

（1）冷冻机房里的软接应选用不锈钢软接。

（2）安装前进行放线，要求施工人员对于成排水泵的软接及支架安装在同一条直线上。

（3）与工人进行技术交底，软接支架的安装位置应在软接的后面。

（4）软接落地支架法兰处加绝缘垫，法兰以上部位应保温，避免发生凝结水等现象。

（5）若软接支架设于弯头处，可采用管径是出水管管径 2/3 的钢管作为支架，钢管不宜直接坐落的地面，钢管中间用法兰连接，支架底座成排成线。

图 7.4.1-10 软接及支架安装（位置合理，成排成线）

7.4.2 生活水泵房

7.4.2.1 设备排布

（1）设备厂家根据设计参数提供相应的设备基础图，并经设计单位签字确认。

（2）水箱安装前应进行定位放线，定位原则为：无管道的侧面水箱距墙体净距不小于0.7m，有管道的侧面净距不小于1.0m，且管道外壁距建筑墙体的距离不宜小于0.6m，设有入孔的水箱上表面距顶板底面的净距不能小于0.8m。

（3）水箱内部支架结构应按照审批通过的深化图纸施工。

（4）水箱基础做法通常是混凝土基础上架设槽钢支架，槽钢支架由设备厂家提供，不锈钢水箱与槽钢支架间需加设橡胶垫。水箱安装前应与土建专业人员进行基础交接验收，基础应符合设计要求。

图 7.4.2-1 生活水泵房设备排布

7.4.2.2 不锈钢水箱与碳钢底座间细部做法

不锈钢水箱与槽钢基础间加设的橡胶垫的宽度与槽钢上表面平齐，确保水箱底部与槽钢面完全隔开。

图 7.4.2-2　橡胶垫与型钢基础边平齐

7.4.2.3 水箱各进出口的位置关系

（1）水箱进水管口最低点应高于溢流口一倍进水管管径，但最小不应小于 25mm。

（2）水箱进水口的阀部件集中安装在检修工作口附近，便于日后维修。

（3）水箱的溢流管和泄水管应设置在排水点附近，但不得与排水管直接相连，并在末端设置防虫网罩。

图 7.4.2-3　水箱进出口位置

7.4.3 锅炉房及换热机房

7.4.3.1 设备排布

（1）根据设计施工图，采用 BIM 技术对设备机房内管道及设备进行三维排布，力求达到最好效果又能节省空间。

（2）根据设计方提供的设计参数，由厂家提供设备尺寸及设备基础图。

（3）施工前先根据排布好的三维图纸进行定位放线。

（4）设备排布原则：设备尽量靠边布置，有效合理地利用空间，留有设备及管道检修通道。

（5）设备及管道排列整齐、成排成线、布局合理。

图 7.4.3-1　锅炉房设备排布

图 7.4.3-2　换热机房设备排布

7.4.3.2 排水沟设置

（1）在进行机房图纸深化时，对排水沟重新布置，要求排水沟延伸至所有有排水需求的设备周边。

（2）排水沟宽度设为 300mm，沿设备基础周边敷设。

（3）排水沟两侧警示带的宽度为 8cm。

（4）水泵基础四周设置倒水槽引入排水沟。

（5）排水沟篦子采用不锈钢篦子，提高整体观感效果。

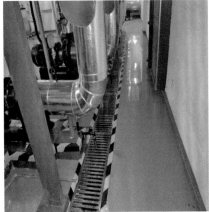

图 7.4.3-3　排水沟设置（沿设备周边布置）

图 7.4.3-4　排水沟两边警戒线清晰

7.4.4 风机房

7.4.4.1 风机减振器安装

（1）根据风机的选型确定减振器的形式，并应符合设计要求。

（2）减振器的安装应考虑风机基础装饰面的厚度，避免减振器被装饰面包裹，起不到减振的作用。

图 7.4.4-1　减振器固定牢固

7.4.4.2 风管穿越防火分区做法

（1）提前做好管道的综合排布，确定管道进入墙体的位置并考虑墙体保温厚度，做好风管穿墙预留预埋工作，套管壁厚为 2.0mm。

（2）预留套管安装完成后，管道安装前对工人进行技术交底。要求管道穿套管要居中，管道安装完成后用防火泥将管道与套管之间封闭，然后再用不燃材料（防火板）进行封闭，距墙 200mm 处安装防火阀，大于 630mm 的防火阀应单独设置支架。

图 7.4.4-2 风管安装（封闭严密、整体美观）

第 8 章

消防工程

Xiaofang Gongcheng

8.1 消防控制室、数据信息机房

8.1.1 消防控制室、数据信息机房对室内装修的要求

（1）机房内墙壁和顶棚应满足使用功能要求，表面应平整、光滑、不起尘，避免眩光，并应减少凹凸面。

（2）在机房地面铺设防静电地板时，活动地板的高度应根据电缆布线和空调送风的要求确定，并应符合下列规定：

①活动地板下的空间只作为电缆布线使用时，地板高度不宜小于250mm；活动地板下的地面和四壁装饰，可采用水泥砂浆抹灰；地面材料应平整、耐磨。

②当活动地板下的空间既作为电缆布线，又作为空调静压箱时，地板高度不宜小于400mm；活动地板下的地面和四壁装饰应采用不起尘、不易积尘、易于清洁的材料，楼板或地面应采取保温防潮措施，地面垫层宜配筋，维护结构宜采取防结露的措施。

③当主机房内设有用水设备时，应采取防止水漫溢和渗漏的措施。

④门窗、墙壁、顶棚、地（楼）面的构造和施工缝隙，均应采取密闭措施。

8.1.2 消防控制室、数据信息机房对静电防护的要求

（1）机房的地板或地面应有静电泄放措施和接地构造，防静电地板或地面的表面电阻或体积电阻应为 $2.5 \times 10^4 \sim 1.0 \times 10^9 \Omega$，且应具有防火、环保、耐污耐磨性能。

（2）机房中不使用防静电地板的房间可敷设防静电地面，其静电性能应长期稳定且不易起尘。

（3）机房内的工作台面材料宜采用静电耗散材料，其静电性能指标应为 $2.5 \times 10^4 \sim 1.0 \times 10^9 \Omega$。

（4）机房内所有设备可导电金属外壳、各类金属管道、金属线槽、建筑物金属结构等必须进行等电位连接并接地。

（5）静电接地的连接线应有足够的机械强度和化学稳定性，宜采用焊接或压接。当采用导电胶与接地导体粘接时，其接触面积不宜小于20cm²。

（6）在防静电地板下敷设铜箔时应注意以下几个方面：

①铜箔的截面尺寸应符合设计和规范要求；

②防静电地板支架应敷设在铜箔的"十"字中心处；

③铜箔敷设时应平整、顺直，不应折边、扭曲。

图 8.1.2-1 通信线缆沿支架敷设

图 8.1.2-2 防静电地板下敷设铜箔

8.1.3 消防控制室、数据信息机房对接地的要求

（1）机房内保护性接地和功能性接地宜共用一组接地装置，其接地电阻按其中最小值确定。

（2）对功能性接地有特殊要求需单独设置接地线的设备，接地线与其他接地线绝缘；接地线与接地线宜同路径敷设。

（3）机房内的设备应进行等电位联结，并应根据设备易受干扰的频率及机房的等级和规模，确定等电位联结方式，可采用 S 型、M 型或 SM 混合型（注：S 型为单点接地，即多个设备的接地点接到一个地方；M 型为多点接地，即接地方式采用网状多点接地；目前接地方式基本为 SM 混合型，即整体接地为多点接地，具体到局部时为单点）。

（4）采用 M 型或 SM 型等电位联结方式时，机房应设置等电位联结网格，网格四周应设置等电位联结带，并应通过等电位联结导体将电位联结带就近与接地汇流排、各类金属管道、金属线槽、建筑物金属结构等进行连接；每台设备（机柜）应采用两根不同长度的等电位联结导体就近与等电位联结网格连接。

（5）等电位联结网格应采用截面积不小于 $25mm^2$ 的铜带或裸铜线，并应在防静电活动地板下构成边长为 0.6 ～ 3m 的矩形网格。

（6）等电位联结带、接地线和等电位联结导体的材料和最小截面积应符合表 8.1.3-1 的要求。

表 8.1.3-1　　　　　　　等电位联结带、接地线和等电位联结导体的材料和最小截面积

名称	材料	截面积（mm²）
等电位联结带	铜	50
等电位联结导体（从等电位联结带至接地汇集排或至其他等电位联结带；各接地汇集排之间）	铜	16
等电位联结导体（从机房内各金属装置至等电位联结带或接地汇集排；从机柜至等电位联结网格）	铜	6

（7）等电位箱安装，应注意以下几个方面：

①端子箱安装位置和标高、接地线规格型号、需做等电位联结的部件应符合设计和规范要求；

②等电位箱在箱门内侧张贴等电位联结系统图，标明各回路用途和联结线的规格型号；

③联结线联结完后应挂永久性标识，注明每条联结线的用途。

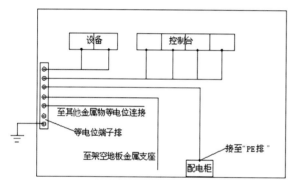

图 8.1.3-1　消防中控室、数据机房接地示意图

图 8.1.3-2　消防中控室、数据机房接地实拍图

8.1.4 消防控制室门安装要求

消防控制室门应向外开启，室内门头应安装安全出口指示灯。

图 8.1.4-1　消防控制室门向外开启示意图

图 8.1.4-2　消防控制室室内门头安装安全出口指示灯

8.1.5　消防控制室内设备布置要求

（1）设备面盘前的操作距离，单列布置时不应小于 1.5m；双列布置时不应小于 2m。

（2）在值班人员经常工作的一面，设备面盘至墙的距离不应小于 3m。

（3）设备面盘后的维修距离不宜小于 1m。

（4）设备面盘的排列长度大于 4m 时，其两端应设置宽度不小于 1m 的通道。

（5）与建筑其他弱电系统合用的消防控制，室内消防设备应集中设置，并应与其他设备间有明显间隔。

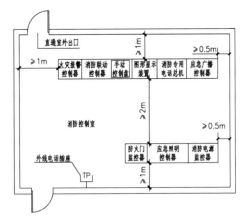　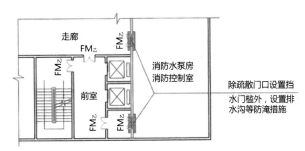

图 8.1.5-1　设备面盘双列布置的消防控制室布置图　　　图 8.1.5-2　消防控制室与安防监控室合用布置图

8.2 消防水泵房

8.2.1　防水淹的技术措施

消防水泵房应采取防水淹的技术措施，以保障设备的正常运行。通常可采取设置挡水门槛或排水沟等措施。

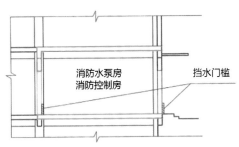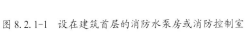

图 8.2.1-1　设在建筑首层的消防水泵房或消防控制室　　图 8.2.1-2　设在建筑地下的消防水泵房或消防控制室

8.2.2 消防水泵控制柜

8.2.2.1 防护等级

消防水泵控制柜的防护等级必须符合设计和规范要求。条件允许时将消防水泵控制柜设在专用控制室内，并与水泵隔开，避免消防水的喷溅。当设计图纸无明确要求，消防水泵控制柜设置在专用消防水泵控制室时，其防护等级不应低于 IP30；与消防水泵设置在同一空间时，其防护等级不应低于 IP55。

图 8.2.2-1　消防水泵与控制柜分开设置图

8.2.2.2 机械启泵装置

消防水泵控制柜应设置机械应急启泵功能，并应保证在控制室内的控制线路发生故障时由有管理权限的人员在紧急时启动消防水泵。机械应急启动时，应确保消防水泵在报警 5.0min 内正常工作。

图 8.2.2-2　消防机械应急启动装置

8.2.3 成排管道安装

（1）对泵房内管道进行综合排布，确定水泵的位置，从而减少管道交叉影响。

（2）通过红外线测量放线定位仪器等手段，保证水泵出水管与进水管的阀部件及管道支架的位置成排成线。

（3）采用共用支架，要求支架根部采用预制钢板固定，支架竖向与横向采用斜 45°双面施焊固定，并将支架进行两遍面层刷漆。

（4）DN ≥ 150mm 的阀门应单独设置支架，管道面漆颜色统一为红色。

图 8.2.3-1　管道、设备、阀门等安装（成排成线、美观大方）

8.2.4 报警阀组安装

（1）报警装置安装方式统一，成排安装时距墙距离及相互间的距离一致，各部件安装位置、高度要统一。

（2）对安装工人进行技术交底，要求报警阀排水通过管道有组织地排放到排水沟内。

（3）水力警铃应安装在公共通道或值班室的墙上，且安装检修、测试用的阀门。水力警铃应整洁、无污染，排列整齐，高度一致，间距均匀，固定牢固。

（4）水力警铃管长度不宜超过 20m。

图 8.2.4-1　利用管道进行组织排水

图 8.2.4-2　水力警铃安装（固定牢固、排列整齐、高度一致）

8.2.5 设备减振器安装

（1）根据水泵的选型确定减振器的形式。水泵减振器承受的荷载应在减振器承受荷载范围内，支撑点数应不少于 4 个。

（2）水泵的减振器安装前要适当地对基础进行处理，使减振器能本体水平，并能使同一机组的减振器保持在同一标高位置，同类设备的减振器安装应成排成线。减振器的安装应考虑水泵基础装饰面的厚度，避免减振器被装饰面包裹，起不到减振的作用。

（3）根据水泵的选型确定水泵的外形尺寸，提前策划好水泵的位置并预留好地锚螺栓，与减振器固定牢固且螺栓高度一致、整齐。水泵吸水口应与偏心变径上平。阀门应带有明显启闭标志。

（4）水泵的减振有效，各压缩量一致，没有明显的变形。立式水泵不得使用弹簧减振器。

（5）水泵的减振装置要露在基础外表面，不得被覆盖，且与基础面分界清晰。

图 8.2.5-1　减振器安装（固定牢固，与基础接触面分界清晰）

8.3 高位水箱间

8.3.1 试验消火栓安装

带自救卷盘的试验消火栓可将压力表设在自救卷盘支管上，压力表前应加装阀门，以便于维修。

图 8.3.1-1　屋顶试验消火栓、压力表

8.3.2 水泵减振器安装

（1）选择合适的减振器。

（2）避免工序倒置，安装稳压泵的前提条件是土建作业完成基础面层施工。

（3）减振垫边缘与型钢支架平齐。

图 8.3.2-1　减振垫边缘与型钢支架平齐

8.4 消防设施

8.4.1 管道穿消防箱体的处理

（1）消火栓支管穿箱体封堵严密、光滑，管道穿消火栓箱体加装饰盖。

（2）选择装饰环时，其内径应与消火栓支管外径一致。

（3）装饰盖与箱体间采用专用胶固定，以免装饰盖松动。

（4）消火栓门安装应凸出封面，检查门侧面与墙面交接顺直，缝隙均匀。

图 8.4.1-1　消火栓支管穿箱体封堵严密

图 8.4.1-2　消火栓箱凸出封面安装

8.4.2 不同装饰面墙体消防箱门标识

（1）额外增加的消防箱门上需自制醒目标识。

（2）为确保现场消防箱门标识的一致性，自制标识的样式、内容、字体大小应与明装成品消防箱门的标识一致。

（3）各装饰面消防箱门标识清晰完整、无歪斜、字体端正。

（4）若暗装消防箱门上无拉环、暗锁等开关装置，在门的开启侧靠近门边的位置粘贴明显标识，标识应清晰展示出消防箱门的开启方式。该标识可以设在距地约 1.1m 位置，且应粘贴于门的开启侧。

图 8.4.2-1　消防箱门标识

8.4.3 消火栓箱配件安装

（1）提前与消火栓厂家沟通，根据设计图纸明确管道进入箱体的形式、位置，箱体开孔大小一致、位置统一。

（2）消火栓的安装高度为栓口中心距地 1.1m 处，阀门中心距箱侧面 140mm，距箱体内表面 100mm。

（3）要求开门见栓，水龙带对折双头绑扎，保证消火栓门开启角度满足规范要求。

图 8.4.3-1　箱体内管道安装规范　　　　图 8.4.3-2　箱体内配件齐全

8.4.4 消火栓箱按钮接线

消火栓箱门开启角度不应小于120°；消火栓箱内按钮接线需穿黄蜡管；石材装饰消防门应有标识和编号。

 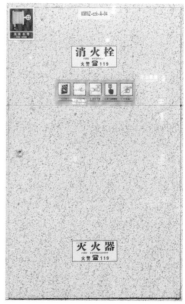

图 8.4.4-1　消火栓按钮接线穿黄蜡管敷设　　图 8.4.4-2　石材装饰消防门的标识、编号

8.4.5 风管及成排管道下方增设喷头及支架安装

（1）宽度大于 1.2m 的风管及成排管道下方需增设下喷头，在风管或成排管道下方居中布置，末端用盲堵封闭且用支架固定牢固。

（2）当风管下方喷头支架无法固定时，可采取加长喷头支管长度，将其延伸至风管的另一端，在末端加管堵并使用支架将支管固定。

（3）增设喷头及支架安装前放线定位，确保安装在同一条直线上。提前进行管道综合排布，避免喷淋头位置与灯具或风口位置相同或过近。

图 8.4.5-1　喷头防晃支架安装

图 8.4.5-2　大于 1.2m 的风管下增设下喷头

8.4.6 格栅吊顶喷头集热罩安装

（1）集热罩安装前应先放线定位，确保集热罩及喷头安装成排成线。

（2）集热罩选择时，满足规范要求。DN15 的喷头应选择直径不小于 20cm 的集热罩。

（3）集热罩安装时固定牢固，不能有歪斜松动现象。

（4）吊顶内的喷淋支管的支架必须设置，控制喷头凸出吊顶的长度满足设计要求。

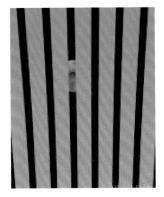

图 8.4.6-1　集热罩安装平整

图 8.4.6-2　集热罩尺寸满足规范要求

8.4.7 管道及设备标识

（1）管道标识参照中铁建设集团有限公司标准化指导丛书《设备安装工程细部做法》进行制作。

（2）在进行设备保温和金属保护壳施工前，将设备自带铭牌取下，待保护壳施工完成后，再将铭牌安装在保护壳上便于观察的位置。

（3）标识粘贴前安排工人放线，确保成排标识在同一条直线上。

（4）设备标识与配电柜标识相匹配。

图 8.4.7-1　管道及设备标识

8.5 消火应急照明

（1）消防控制室、消防水泵房、自备发电机房、配电室、防排烟机房以及发生火灾时仍需正常工作的消防设备房应设置备用照明。

（2）消防标志灯安装应符合《消防应急照明和疏散指示系统技术标准》（GB 51309—2018）相关规定：①室内高度大于 4.5m 的场所，应选择特大型或大型标志灯；②室内高度为 3.5～4.5m 的场所，应选择大型或中型标志灯；③室内高度小于 3.5m 的场所，应选择中型或小型标志灯。

图 8.5-1　安全出口标志灯安装

8.6 线路敷设

（1）按照《铁路工程设计防火规范》（TB 10063）中 "2.5-2 电线、电缆、光缆"要求，站房和其他人员密集的建筑、地下室应采用低烟无卤型电线、电缆、光缆。

图 8.6-1 低烟无卤电线

图 8.6-2 低烟无卤屏蔽电缆

（2）当不同电源的电缆或强、弱电缆同沟、同井敷设时，应将不同电源的电缆或强、弱电电缆分别布置在两侧，其间距应符合《电力工程电缆设计规范》（GB 50217）的规定。当受条件限制必须相邻时，应采用阻燃型线缆，或采用阻燃防护和采用不燃材料物理隔离等措施。

图 8.6-3 消防线缆与强电分槽敷设

图 8.6-4 消防线缆单独配管敷设

8.7 仪表、阀类、模块接线

（1）仪表、阀类接线用金属软管排列整齐，长度不宜大于 1.2m；软管与仪表、阀门等采用专用锁头锁紧固定。

（2）明配管安装采用明装接线盒。

（3）消防模块设置在专用消防模块箱内。

图 8.7-1　仪表、阀类接线

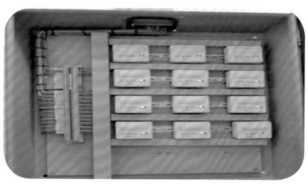

图 8.7-2　消防模块安装在专用消防模块箱中

8.8 其他

（1）火灾报警探测器在格栅吊顶场所的设置：①镂空面积与总面积的比例大于 15% 时，探测器应设置在吊顶下方；②镂空面积与总面积的比例大于 30% 时，探测器应设置在吊顶上方；③镂空面积与总面积的比例为 15%～30% 时，探测器的设置应根据实际试验结果确定。

（2）吊顶以上墙体应砌至顶部，管道、槽盒穿墙处应封堵密闭。

图 8.8-1 吊顶以上墙体、孔洞应封堵严密

（3）信息机房事故风机不应设在信息机房内部，应设在外部过道或单独房间内。

图 8.8-2 事故风机控制箱设置在过道

第9章

站台、雨棚工程

9.1 站台铺面

（1）站台边缘至安全线的距离为 1000mm，安全线的宽度为 100mm，提示盲道（点状）的宽度为 600mm；站台外侧帽石应采用红色花岗岩石材，站台帽石厚度不应小于 50mm，铺面的机刨缝应平行于轨道；安全线应采用耐磨、防渗漏、抗污染、防滑的白色汉白玉或防滑玻化砖，厚度不小于 15mm；盲道砖应采用黄色特制专用材料，厚度不低于 20mm（不含点厚）；盲道内侧为浅色站台铺面石材。

（2）站台铺面应采用花岗岩铺面，基本站台上花岗岩铺面板厚不应小于 50mm，其他站台花岗岩铺面板厚不应小于 30mm。

（3）站台面铺装石材宜结合车站所在地气候条件选用光面抽槽形式，封闭式站台可采用光面石材。

（4）站台铺面的标准块材尺寸应根据站台的宽度、柱网尺寸、帽石、安全线、盲道等综合排定。站台铺面石材应综合考虑站台宽度、各类构筑物位置匀称铺设，交接处收口应规整。块材大小不宜小于 600mm×600mm。

（5）帽石铺装面缝应与站台面上的安全线、盲道及其他铺装材料面缝相对应；石材铺面所设伸缩缝应对应雨棚柱纵向居中设置。

（6）站台铺面的站台两端为弧形时，应在保证帽石、安全线、盲道宽度的基础上，不应出现小于 1/2 站台铺面标准石材的小块石材，曲线段站台面应采用扇形分格形式铺贴，通过调整砖缝宽度达到边缘不出现错台，整齐顺滑。曲线内、外侧站台挡墙限界应按《铁路技术管理规程》曲线上建筑限界加宽方法的计算结果再退让 20mm。

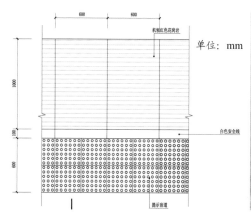

图 9.1-1 站台边帽石、安全线、提示盲道平面图

图 9.1-2 平直段站台铺面

（7）站台面上井盖材质宜与站台面铺材一致，且井盖大小需与周围铺面协调，不应出现错缝；站台面上的帽石、安全线、盲道上不应设置各种井盖，井盖应装有拉环，方便维护时开启。

（8）站台上沉砂井应设置在雨棚柱45°方向，井盖支架做法可采用不锈角钢L70mm×70mm×6mm，钢板采用8mm厚，橡胶皮采用20mm厚，同时井盖刻字注明类型。

（9）当站台上设有消火栓时，宜按地下式设计，且盖板应与站台铺面协调一致。当必须设置在站台面以上时，应结合站台相关设施设置，且不应影响旅客通行。

（10）桥式站台铺面应随结构变形缝设置，盖板宜采用铝合金防滑面板，需考虑足够的变形量及防水构造。

（11）站台铺面坡度不宜大于1%，站房与基本站台相接时，应由站房向站台找坡，门内外高差不应大于15mm，并应以斜面过渡。当基本站台侧的轨道有纵坡、站房与站台接口处出现倒坡的情况时，连接处附近应设截水沟等排水设施，避免水排入站房内；中间站台宜由中间往两侧找坡。

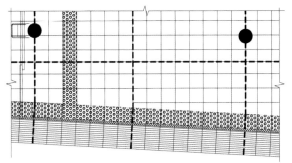
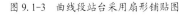

图 9.1-3　曲线段站台采用扇形铺贴图　　　　图 9.1-4　弧形站台铺面

9.2 站台雨棚立柱

（1）站台雨棚立柱宜采用圆形截面，且立柱面漆喷涂时涂层应均匀。立柱整体圆滑，达到装饰效果。漆面选用应考虑耐久性。

（2）基本站台与站房之间进站连廊雨棚结构宜与站房进行一体化设计。

（3）站台雨棚结构分缝单元长度在满足安全的情况下宜尽量加大。变形缝宜设置于雨棚跨中，两侧结构板对挑。不应在站房主要出入口处设缝。

（4）站台雨棚立柱采用钢结构时，可采用钢板防腐柱脚或混凝土防腐柱脚防腐。采用钢板防腐柱脚时，钢板应除锈并进行防腐涂装，涂装要求与雨棚钢柱保持一致。

（5）站台雨棚立柱、梁、屋面板交接处节点构件应设计美观。

图 9.2-1　柱脚石材防护　　　　　　　　　　图 9.2-2　柱脚不锈钢板防护

图 9.2-3　钢柱柱脚混凝土防腐台

9.3 站台雨棚屋面

（1）当站台雨棚屋面采用金属屋面时，宜选用铝镁锰金属屋面材料。

（2）站台雨棚屋面防水等级宜按Ⅰ级设计。当采用混凝土屋面时，防水层保护宜采用细石混凝土保护层。

（3）站房与基本站台之间连廊雨棚覆盖区域需考虑旅客进出站防飘雨功能，宜按出入口两侧各延伸一跨设置。连廊雨棚覆盖范围大的，应考虑对站房的采光影响，可采取增设天窗等措施。

（4）站台上雨棚高低跨屋面（不同标高）交接处应做好防飘雨处理。

（5）站台雨棚的避雷带宜设于雨棚上翻檐口内侧，宜与防坠落措施合设。避雷带设置应整齐、美观，并应满足防雷接地的其他相关构造要求。

（6）站台雨棚变形缝上下部均应设置盖板，板底变形缝盖板颜色与雨棚涂装颜色一致。变形缝盖板及封檐板应固定牢固。

（7）混凝土结构站台雨棚檐口处结构应设滴水线。

　　图 9.3-1　吉水西站雨棚风雨连廊　　　　　图 9.3-2　吉安西站雨棚檐口滴水线（1）

　　图 9.3-3　吉安西站雨棚檐口滴水线（2）　　　图 9.3-4　黄山站雨棚桥架管线实例

图 9.3-5　常山站雨棚桥架管线实例　　图 9.3-6　吉安西站管线暗埋实例　　图 9.3-7　富阳站管线暗埋实例

9.4 清水混凝土雨棚

（1）原材料产地要单一、货源稳定，采购后应分仓放置，防止原材料污染。混凝土应反复试验，选定最优配合比。

（2）变径箍筋按编号排序，在箍筋分类存放架中排列码放。

（3）采用轻型小钢模，拼装前用角磨机顺着一个方向打磨，以白毛巾擦拭无黑印为标准。

（4）选择合适的脱模剂，然后均匀涂刷在模板表面，厚度适宜即可。

（5）除了夹紧模板夹具外，在模板的接缝处要加塞海绵胶条，以防止浇筑时漏浆。

（6）分层浇筑混凝土时，振动棒按照"快插慢拔""4角加中心"的五点振捣法振捣，每个点约振捣 40s。

图 9.4-1 雨棚顶板、变截面柱钢模打磨效果

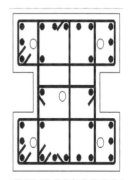

图 9.4-2 拼缝处粘贴海绵条　　　　图 9.4-3 顶板钢筋绑扎　　　　图 9.4-4 五点振捣法

图 9.4-5 怀来站清水混凝土雨棚实景图

图 9.4-6 东花园北站清水混凝土雨棚实景图

第10章

生产生活用房

Shengchan Shenghuo Yongfang

10.1 一般规定

（1）站房周边生产生活用房的立面风格应与站房立面风格相协调，可结合地域文化特色风格进行设计。

（2）生产生活房屋周边应配置供职工休憩的场所，场所内宜布置凉亭、花架、座椅及健身器材等设施。

（3）生产生活用房围墙内道路应满足消防车通行及回车要求。

（4）宿舍卫生间宜干湿分离，如设置淋浴房；水、电宜采用分户计量方式，集中设置插卡式智能电表；外窗应设置纱窗，临靠线路侧窗户应采取隔音措施。

（5）围墙及围墙院门风格应与周边景观相融合，与生产生活房屋风格统一。

（6）外部围墙应采用实体围墙，内部分隔围墙可采用镂空围墙，围墙高度不应低于2.2m。

（7）生产生活用房周边应有绿化设计，绿化设计应遵循乔灌结合、错落有致、因地制宜、体现特色的原则。

（8）当生产生活用房位于站房两侧时，站房与生产生活用房之间宜采用绿化带分隔，绿化带宽度不宜小于15m。

（9）围墙绿化带宽度不宜小于5m，特殊情况下不宜小于3m。

10.2 实例

图 10.2-1　常山站（"何处心安、慢城常山"）

图 10.2-2　赣榆站（"四季常绿、三季有花、一站一景，绿色连盐"）

图 10.2-3　开化站园林式生产办公区、徽派建筑围墙

图 10.2-4　丹阳站生产办公区　　　　　　图 10.2-5　吉水西站生产生活用房（结合"庐陵文化"）

图 10.2-6　吉安西站生产办公区围墙（"五指峰"文化）

图 10.2-7　吉安西站篮球场、绿化及围墙　　　　图 10.2-8　吉安西站绿化汀步

10.3 外墙外保温

（1）保温板粘贴基层应坚实、平整、洁净；保温板应按顺砌方式粘贴，逐行错缝；墙角处应交错互锁。窗台保温板应压墙体保温板；门窗洞口四角处应采用整块保温板切割成形，不宜拼接，接缝距离门窗角部不宜小于 200mm。

（2）保温板与基层墙体应满粘，不可点粘，确保粘贴牢固，无松动、空鼓、脱落等现象。

（3）锚栓用量每平方米宜不少于 6 个，在高层建筑受风压较大的部位，每平方米宜增加 8～10 个，植入结构墙体深度不宜小于 25mm。

（4）耐碱网格布应自上而下、横向铺设，压粘密实，无皱褶、翘曲等现象；门窗洞口内侧周边及洞口四周均应增设一层耐碱网格布；左右、上下搭接宽度不宜小于 100mm，阴阳角处互相搭接宽度不应小于 150mm，首层阴阳角处另增设一层耐碱网格布。

（5）抗裂砂浆必须在保温层充分固化后施工，用铁抹子在保温层上抹抗裂砂浆，厚度要求 2.5mm，不得漏抹。在刚抹好的砂浆上用铁抹子压入裁好的耐碱网布，要求耐碱网布竖向铺贴并全部压入抗裂砂浆内。第二遍抗裂砂浆待前一遍表面修水后，满批抗裂砂浆一遍，厚度控制在 0.5mm。

（6）外墙外保温节能工程检测应符合下列规定：

①保温材料的厚度必须符合设计要求；

②保温板与基层及各构造层之间的粘结或连接必须牢固，粘结强度和连接方式应符合设计要求和相关标准的规定；

③当墙体节能工程采用预埋或后置锚固件时，其数量、位置、锚固深度和拉拔力应符合设计要求。

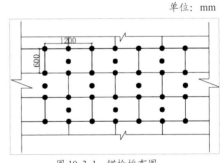

单位：mm

图 10.3-1　锚栓排布图

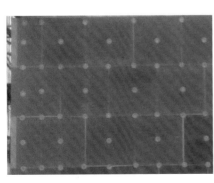

图 10.3-2　锚栓安装（规矩有序，数量充足）

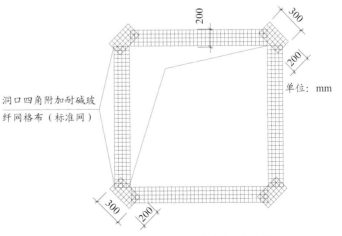

单位：mm

洞口四角附加耐碱玻纤网格布（标准网）

图 10.3-3　洞口网格布铺贴节点图

第 11 章

文化性和艺术性的表现

Wenhuaxing He Yishuxing De Biaoxian

11.1 总体原则

（1）铁路客站是铁路系统的重要组成部分，是铁路与城市的纽带，同时也是反映城市地域风貌、展现文化和艺术的重要载体。

（2）铁路客站建设应着力于弘扬中国优秀文化传统，延续历史文脉，在传承中创新。同时应注重结合地域文化，展示城市风貌，体现新时代的铁路文化特征。

（3）铁路客站设计应以交通功能为主导，在保证旅客方便、安全出行的前提下，文化性和艺术性的表达应简洁明快、突出主题。

（4）铁路客站设计对文化性和艺术性的表达，应避免烦琐和过度的装饰，宜符合建筑结构、构件的建造规律。

11.2 文化艺术展现

11.2.1 富阳站、桐庐站

（1）富阳站与桐庐站进站口两侧分别设置2.4m×5.4m的主题浮雕。富阳站左侧为"孙权故里"，右侧为"富春山居"；桐庐站左侧为"子陵高风"，右侧为"桐荫问道"。两站的主题浮雕充分展示和传承了当地的地域文化特色。

图11.2.1-1 富阳站"孙权故里、富春山居"文化主题浮雕

图 11.2.1-2　桐庐站"子陵高风、桐荫问道"文化主题浮雕

（2）候车厅二层檐口铝板引入传统文化作品，铝板表面喷绘"富春山居图"。铝板逐块编号安装，两板之间采用密拼工艺，严格控制表面平整度及拼缝宽度。

图 11.2.1-3　富阳站"富春山居图"铝板喷绘

（3）山水桐庐吊顶核心视觉形态的生成来源于山水，以富春江水提炼出抽象的波浪形态，形成整体空间背景，再通过艺术的升华和萃取获得山的形态，融入了吊顶效果中。

图 11.2.1-4　桐庐站"山水桐庐"吊顶效果

11.2.2 怀来站、东花园北站

（1）通过附贴式铝板技术将鸡鸣驿古城风貌展现在候车厅二层檐口信息屏两侧。

（2）下侧浅灰色铝板融入数控穿孔技术人字形纹样，契合"百年京张"的主题。

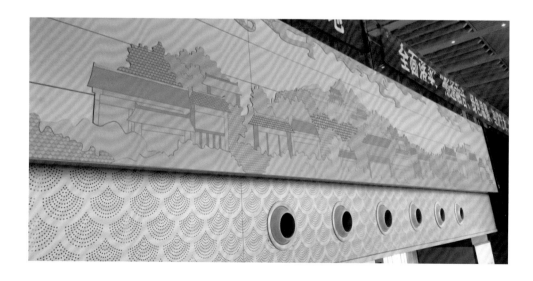

图 11.2.2-1　怀来站候车室铝板附贴

（3）怀来站站房候车厅地面采用武汉白麻石材，局部融入葡萄酒文化衍生拼花设计，并将奥运五环演化成六边形点缀其中，为整个空间增添了活力，同时弘扬了冬奥会的主题。

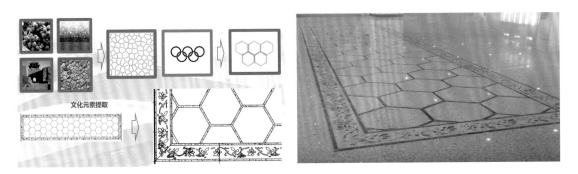

图 11.2.2-2　怀来站地面文化主题石材装饰

（4）出站通道墙面造型增加易县黑雕花暗刻"人"字形海棠花瓣，彰显出"百年京张"的人文主题。

图 11.2.2-3　东花园北站"人"字形雕花石材

（5）采用"UV"印制技术喷绘工艺安装的主题装饰画，展现"葡萄之乡，美酒庄园"的文化，以及"百年京张""铁路强国"的主题，为中国梦添彩。

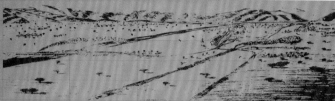

图 11.2.2-4 怀来站 "UV" 印制技术喷绘装饰画

（6）创新采用 1.2m×2.4m 古香古色艺术匾额，通过数字 1909 ～ 2019 的变化，表现了 "百年京张" 的发展历程，展现了中国高铁改革开放后取得的成就。

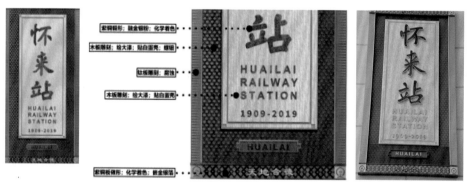

图 11.2.2-5 怀来站艺术匾额

（7）大厅白色铝板柱高大挺拔的形象与整个空间融为一体。柱脚不锈钢护角，凸显堂堂正正的阳刚之气；柱头装饰由官厅水库简化而来的水波纹样，为空白柱面增添更多细节；冬奥会六个比赛大项剪影纹样，体现了冬奥会的文化与精神。

图 11.2.2-6 东花园北站冬奥会文化

11.2.3 吉安西站、吉水西站

（1）吉安西站外立面造型以巍巍青山五指峰作为方案来源，以俊秀挺拔的山体烘托宏伟壮志的革命情怀。

图 11.2.3-1 吉安西站"五指峰"造型

（2）藻井取自"中国共产党湘赣边界第一次代表大会"会址的藻井顶，根据吊顶空间进行二次深化。其中，顶面灯膜也取自该会址。

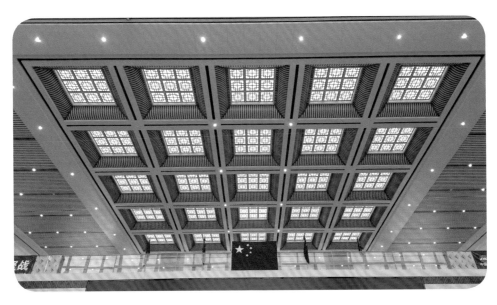

图 11.2.3-2 吉安西站藻井效果

（3）二层进站天桥口两侧各设置一块浮雕，分别呈现红色井冈山五指峰和毛泽东同志《水调歌头·重上井冈山》手稿拓印，充分提升了站房的文化与内涵。

图 11.2.3-3　吉安西站文化主题浮雕

图 11.2.3-4　井冈山五指峰　　　　　图 11.2.3-5　《水调歌头·重上井冈山》拓印

（4）吉安的精神文化气质核心内涵在于"吉"字，有着丰富的寓意和美好的引申含义。设计师充分参考中国传统纹样和建筑绘画的形式，将"吉"字演绎为寓意吉祥的吉字纹，应用于站房五大部位。寓意突出"吉泰安康"之意，以此作为建筑特色的符号和细节融入吉安西站的公共空间中。

图 11.2.3-6　方柱　　　　　图 11.2.3-7　圆柱　　　　　图 11.2.3-8　盥洗间玻璃

图 11.2.3-9　卫生间门套

图 11.2.3-10　广厅立面

（5）在车库出入口、步行长廊、排水篦子、站区围墙等部位演绎五指峰元素，形成了经典的"井冈文化"传承之作。

图 11.2.3-11　车库出入口

图 11.2.3-12　排水篦子

图 11.2.3-13　站区围墙

图 11.2.3-14　步行长廊

（6）候车厅两侧山墙画卷采用冲孔热熔艺术印刷工艺，将吉水的山水人文气息淋漓尽致地呈现在旅客公共区域，给旅客以美的感受。

图 11.2.3-15　吉水西站冲孔热熔艺术印刷彩绘铝板

图 11.2.3-16 "福地东山"图

图 11.2.3-17 "文渊流长"图

（7）吉水西站室内空间，按照新时代铁路站房建设新要求，对站房空间组成进行细分。重点突出普通旅客候车区及休闲商务候车区。

图 11.2.3-18 综合服务区

图 11.2.3-19 儿童活动区

图 11.2.3-20 文化阅读区

图 11.2.3-21 休闲商务候车区

（8）吉水西站花架绿植摆放专项设计：在站房内设置绿植与造景，让站房空间变得温馨起来。

图 11.2.3-22　中庭造景与绿植

（9）玻璃隔断是站房室内空间分格必不可少的一部分，以艺术贴花的形式对 2.2m 玻璃隔断进行再创造。

图 11.2.3-23　玻璃隔断艺术贴花

11.2.4　南阳东站、邓州东站

（1）"卧龙飙远、楚汉成龙"，通过两侧伸展的侧翼表现宏伟的气势。南阳东站通过展现"腾龙、祥云"等地方元素，将建筑造型与想象中的"云、龙"融合。

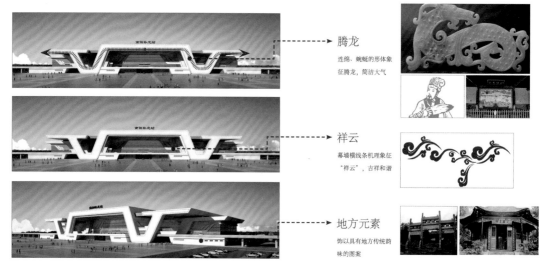

图 11.2.4-1 南阳东站"云中卧龙"立面效果（1）

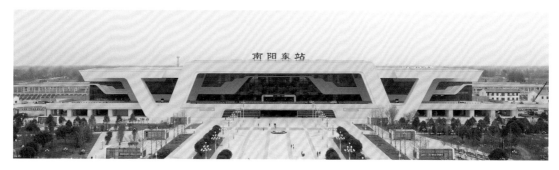

图 11.2.4-2 南阳东站"云中卧龙"立面效果（2）

（2）南阳山川秀丽，拥有伏牛山、宝天曼、老君山、老界岭等引人入胜的自然景观。在进站广厅挑檐两侧各设置长 24m 以"伏牛山"为主题的展现四季自然风景的钛板画，充分展现南阳独有的自然风光。

图 11.2.4-3　南阳东站"伏牛山"彩色钛板画

（3）首层候车大厅设置四条"甘雨随车"石刻装饰带。采用异形花色石材阳刻的手法，表面附钢化夹胶玻璃，内置发光灯带配以暖色调，既体现出南阳地区悠久的历史文化，又寓意着人民出行平安的美好寓意。

图 11.2.4-4　南阳东站"甘雨随车"石刻装饰带

（4）候车大厅吊顶抽取"祥云"的曲线元素，辅以"梭形"天窗为核心，象征"孔明灯"的形象，代表"思念、祝福"的美好寓意。

图 11.2.4-5　南阳东站吊顶（抽取"祥云""梭形"元素）

（5）中庭空间结合实际功能，沿候车空间两侧做透明玻璃，与中庭空间形成渗透，沿附属功能两侧做镀膜玻璃，通过高反射，提亮整体空间，减弱空间的压抑感。配合整体石材文化墙面和绿植，展示地方文化特色。

图 11.2.4-6 景观中庭

图 11.2.4-7 出师表

图 11.2.4-8 南都行

（6）南阳东站水波纹装饰带，如图 11.2.4-9 所示。

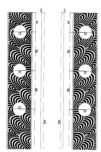

图 11.2.4-9 水波纹装饰带

（7）邓州东站外立面完美诠释"禾实丰登古粮仓，南水北调今渠首"中心渠首造型和粮仓造型，展现邓州的古风新韵。

图 11.2.4-10 邓州东站——"禾实丰登古粮仓，南水北调今渠首"

图 11.2.4-11 邓州东站渠首造型

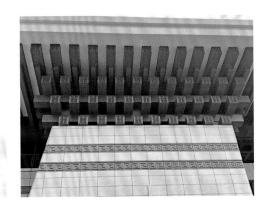

图 11.2.4-12 邓州东站粮仓造型

（8）邓州东站候车厅吊顶采用铝板喷绘工艺，经历 18 道工序进入现场安装，17 个篆书"邓"字交叉排布，四周回字纹环绕，喷绘做法既经济又达到了展示地方文化的目的。

图 11.2.4-13 邓州东站吊顶邓姓文化

（9）首层进站厅动态显示屏两侧增加"邓州八景"和"瑞溪晋京"主题国画，展现了邓州新的城市景观，给人一种文化冲击，提升了整体空间的文化内涵。

图 11.2.4-14　邓州东站"邓州八景"主题国画　　　　图 11.2.4-15　邓州东站"瑞溪晋京"主题国画

（10）售票厅整体风格以简约的线性为主，吊顶邓字刻纹铝板结合发光灯带，形成具有韵律感与层次感的内部空间。

图 11.2.4-16　邓州东站吊顶（"邓"字纹刻装饰）

11.2.5 清河站

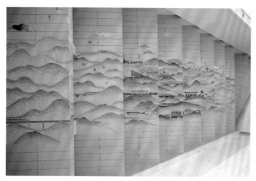

图 11.2.5-1　屏风阵列图　　　　　　　　　图 11.2.5-2　卫生间彩印玻璃装饰画

图 11.2.5-3　候车厅冬奥会彩印玻璃装饰画　　　　　图 11.2.5-4　篆雕工艺

图 11.2.5-5　人工砂岩浮雕　　　　　　　图 11.2.5-6　儿童活动区

图 11.2.5-7　沙发休息区

图 11.2.5-8　综合服务台

11.2.6 阳高南站

（1）阳高南站的核心视觉形态来源于长城一百零八景之神京屏障——阳高特有的明长城。连成一排的古长城烽火台演绎成为站房的一个个斜垛，构成了站房立面造型的聚焦点。整体外立面轮廓中高侧低，与云林寺高低错落的轮廓线相辅相成。整个幕墙形态完美地渗透了古魏之地悠久的城墙文化，展现了"山西之肩背"的坚挺精神。

（2）吊顶装饰带将晋北古民居窗棂与传统剪纸相结合，底部设置白色衬板，更加突出仿古窗棂的立体和空间效果。以此为基本形态在空间中进行重复，增强了整体空间效果。

图 11.2.6-1　阳高南站正立面

图 11.2.6-2　阳高南站侧立面

图 11.2.6-3　古长城烽火台文化斜柱

图 11.2.6-4　晋北古民居窗棂与传统剪纸镂空雕花工艺吊顶装饰带

图 11.2.6-5　晋北古民居门头弧形挑檐柱头造型　　图 11.2.6-6　内墙面石材（回字纹阳刻雕花工艺）、窗棂花型卫生间静态标识

图 11.2.6-7　仿明清文化长廊墙面（采用仿古青砖，上附极具地方特色的砖雕和照壁）

图 11.2.6-8　仿古雕花玻璃栏板

图 11.2.6-9　卫生间镜子（晋北古名居窗棂弧边弧形装饰）

图 11.2.6-10　站台侧仿明清文化长廊屋面